Ötztaler Gletscher

Schriften [9]

Ötztaler Gletscher

Katastrophen, Klimawandel, Kunst

Edith Hessenberger/Veronika Raich (Hg.)

Impressum

Wir danken den Unterstützern: Amt der Tiroler Landesregierung – Abteilung Kultur, Gemeinden Längenfeld, Oetz, Sautens, Sölden, Umhausen, Tourismusverband Ötztal, Bundesministerium Kunst, Kultur, öffentlicher Dienst und Sport, Alpenverein Österreich, Raiffeisenbanken Ötztal

Herausgeber der Ötztaler Museen Schriften: Ötztaler Museen, MMag. Dr. Edith Hessenberger, Lehn 23b, 6444 Längenfeld

Herausgeberteam des Bandes: MMag. Dr. Edith Hessenberger, Mag. Veronika Raich

Umschlaggestaltung: Maria Strobl, www.gestro.at

Umschlagabbildung: „Wildspitze", Ölgemälde von Josef Preyer, 1880-1900, Sammlungen Alpenverein-Museum · Archiv des Österreichischen Alpenvereins.

Bildrechte Innenteil: Siehe Bildverzeichnis Seite 163

Grafik und Satz: Maria Strobl · www.gestro.at

© 2023 by Studienverlag Ges.m.b.H., Erlerstraße 10, A-6020 Innsbruck
E-Mail: order@studienverlag.at, Internet: www.studienverlag.at

Gedruckt auf umweltfreundlichem, chlor- und säurefrei gebleichtem Papier.

Bibliografische Information der Deutschen Nationalbibiliothek
Die Deutsche Nationalbibibliothek verzeichnet diese Publikation in der Deutschen Nationalbibliografie; detaillierte bibliografische Daten sind im Internet über http://dnb.dnb.de abrufbar.

ISBN 978-3-7065-6314-7

Alle Rechte vorbehalten. Kein Teil des Werkes darf in irgendeiner Form (Druck, Fotokopie, Mikrofilm oder in einem anderen Verfahren) ohne schriftliche Genehmigung des Verlages reproduziert oder unter Verwendung elektronischer Systeme verarbeitet, vervielfältigt oder verbreitet werden.

Inhalt

Vorwort
Edith Hessenberger, Veronika Raich   9

Wie der forschende Blick auf die Gletscher unsere Sicht auf die Welt änderte
Andrea Fischer   15

Gletscherbilder aus dem Ötztal
Gernot und Ilse Patzelt   37

Der Blick, der Gletscher und das Bild: Kunstwissenschaftliche Notizen
Sybille Moser-Ernst   63

Der Vernagtferner – der Dämon des Ötztales
Katastrophenbewältigung in den Ötztaler Alpen
Franz Jäger   79

Ein Wettlauf mit dem Wasser
Franz Josef Gstrein   111

Wissensdurst schafft Bergeslust
Wie das Naturphänomen Gletscher die Neugier der Städter
nach den Bergen weckte
Veronika Raich   119

Entdecken – Sehnen – Verlieren
Eine bewegte Geschichte der Wahrnehmung von Gletschern in der Moderne
Edith Hessenberger   135

Satellitenaufnahme der Ötztaler Alpen

Abbildungsnachweise	163
Literaturverzeichnis	171
Verzeichnis der Autorinnen und Autoren	181
Ortsregister	183
Personenregister	185

„Taschachferner" von Konrad Henker, 2019

Vorwort

Die Ötztaler Gletscher. Sie bilden eine der größten zusammenhängenden Eisflächen der Ostalpen, sie prägen eine einzigartige Landschaft, sie wurden über die Jahrzehnte zur Marke und sind seit über 150 Jahren Fixpunkt im Tiroler Tourismusmarketing.

Die Dimensionen des Themas Gletscher sind ausufernd, gerade auch vor dem Hintergrund der Klimaerwärmung, die für einen alljährlichen Abgesang unserer Alpengletscher in den Medien, in der Fachwelt und in Bergsteigerkreisen sorgt. Es gibt viele Möglichkeiten, sich diesem Naturphänomen anzunähern. Die Ötztaler Museen und das Alpenverein-Museum haben eine interdisziplinäre, aber in den Bezugspunkten (kunst-)historische Annäherung gewählt, aus mehrfachen Gründen.

Aus der Perspektive des Alpenvereins stellen die Ötztaler Alpen eine Wiege der alpinen Vereine auf dem Kontinent sowie des organisierten und ausgebildeten Bergführwesens dar. Aus alpinhistorischer Sicht entwickelte sich die Ötztaler Gletscherwelt schon sehr früh zu einem Zentrum der Begegnungen: Auf der einen Seite stand die urbane, aufgeklärte, wissenschaftlich-forschende Neugier, auf der anderen Seite eine in Hinblick auf Naturgefahren und Minimalismus erprobte Lebensweise der einheimischen Bevölkerung. Die grandiose Landschaft und Natur waren das Kapital der Einheimischen, ihr Wissen um die Herausforderungen des Lebens mit Gletschern, Steilhängen und Naturgefahren bildete die Basis für eine Rollenumkehrung: die Bergmenschen als Führende, in deren Verantwortung und Obhut sich die weit Angereisten willig übergaben.

Tourenbeschreibungen, Skizzen- und Kartenzeichnungen, panoramatische Aufnahmen, kunstvolle Bilder, alles diente der euphorischen Verbreitung des Erlebten und Gesehenen und zog Menschen aus nah und fern an.

In Ermangelung eigener Museumsräumlichkeiten bietet dieses Projekt der Ötztaler Museen mit einem derart spannenden Thema natürlich eine willkommene Gelegenheit für das Alpenverein-Museum, besondere Teile der umfangreichen Sammlung des Österreichischen Alpenvereins direkt am Ort der historischen Ereignisse und Entwicklungen zu präsentieren. Die Sammlungen sowohl des Alpenverein-Museums als auch des Turmmuseums in Oetz, das auf das Lebenswerk des Oetzer Sammlers Hans Jäger zurückgeht, verfügen über eine Fülle historischer künstlerischer Arbeiten zum Thema. Einige der schönsten von ihnen vor dem Hintergrund eines rasanten Verschwindens dieser einzigartigen landschaftsprägenden Eiswelt zu zeigen, aber auch an ihrem Beispiel vor Augen zu führen, wie sich der menschliche Blick auf die Gletschergebiete im Laufe der Jahrhunderte verändert hat, das war eine weitere wesentliche Intention sowohl dieses Buches als auch der gleichnamigen Ausstellung, die 2023 bis 2024 im Turmmuseum Oetz zu sehen ist. Die Leidenschaft für die Ötztaler Gletscher muss vielleicht gar nicht erklärt werden – man kann sich der Faszination für diese kalten Giganten, die sich selbst und ihre Umgebung ständig verändern, kaum entziehen. Die historischen Gemälde und frühen Fotografien beeindrucken und schockieren gleichermaßen. Doch wie sich diesem Phänomen annähern? Erfreulicherweise konnten wir einige Wissenschaftlerinnen und Wissenschaftler mit besonders großer Leidenschaft für die Gletscher, aber auch mit herausragenden Fachkenntnissen zur Mitarbeit an dieser Schriftenreihe gewinnen.

Den Anfang macht Andrea Fischer, die als Glaziologin über eine naturwissenschaftliche Expertise, aber darüber hinaus über einen sehr umfassenden Blick auf das Phänomen Gletscher verfügt. In ihrem einführenden Beitrag „Wie der forschende Blick auf die Gletscher unsere Sicht auf die Welt änderte" stellt sie den Wesenskern der Ötztaler Gletscher, ihre Besonderheiten und ihre Entwicklung über die Zeit dar und macht abschließend klar, warum diese Kenntnisse für uns als Gesellschaft relevant sind.

Gernot Patzelt ist als Geograph und Hochgebirgsforscher dem Ötztal seit Jahrzehnten verbunden und kennt auch die Ötztaler Gletscher durch seine Forschungstätigkeiten sowie aufgrund der langjährigen Vermessungsarbeiten wie seine Westentasche. Für den vorliegenden Band hat der Autor, gemeinsam mit seiner Gattin Ilse Patzelt, ihres Zeichens Kunsthistorikerin, allerdings einen anderen Zugang gewählt: Im Rahmen ihres Beitrags „Gletscherbilder aus dem Ötztal" geben Ilse und Gernot Patzelt einen kurzen Überblick über die wichtigsten und schönsten künstlerischen Darstellungen der Ötztaler Gletscher, verweisen mitunter darauf, inwiefern diese Arbeiten mit naturwissenschaftlichen Kenntnissen in Einklang gebracht werden können, und machen damit deutlich, wie wichtig und befruchtend ein interdisziplinärer Zugang (nicht nur) in der Hochgebirgsforschung sein kann.

Diesen Zugang vertieft die Kunsthistorikerin Sybille Moser-Ernst, die sich ausgehend von einem ihrer Spezialgebiete, nämlich der Landschaftsmalerei in Tirol, in ihrem Beitrag „Der Blick, der Gletscher und das Bild: Kunstwissenschaftliche Notizen" der bürgerlichen Rezeption von Landschaft widmet, dem Ideal des „Erhabenen" und nicht zuletzt der Frage, inwiefern die Täler des Tiroler Oberlandes insbesondere im Zeitraum 1860 bis 1900 Schauplatz des Kulturkampfes waren, für den Religion und die Höhen der Eisberge die Kulissen bildeten.

Franz Jäger greift in seinem Beitrag „Der Vernagtferner – der Dämon des Ötztales" ein für die Talgeschichte zentrales und nachhaltig spürbares Thema auf: die Auswirkungen der sogenannten „Kleinen Eiszeit" auf das menschliche Leben und Wirtschaften und nicht zuletzt auf die Spiritualität. Als Jurist und Kulturwissenschaftler mit dem Schwerpunkt der Volksfrömmigkeit wählt Jäger einen sehr vielschichtigen Zugang zu den Fernerseeausbrüchen und „Gletscherprozessionen", die dem Ötztal mehrfach zu trauriger Berühmtheit verholfen haben.

Der nächste Beitrag ist eine Einladung ins Archiv: Franz Josef Gstrein (1885–1943) aus Oetz verfasste 1929 die Kurzgeschichte „Wettlauf mit dem Wasser", in der die Auswirkungen des Vernagtfernersee-Ausbruches 1845 auf die Bevölkerung in Sölden aus der Perspektive eines jungen Paares dargestellt werden. Dieser historische Text steht unkommentiert für sich.

Veronika Raich greift in ihrem Beitrag „Wissensdurst schafft Bergeslust. Wie das Naturphänomen Gletscher die Neugier der Städter nach den Bergen weckte" ein für das Ötztal zentrales Thema auf: die Anfänge des Alpinismus und des frühen Tourismus im Tal, die unter anderem in Vent ihren Ursprung fanden. Anhand der einzigartigen Quelle des ersten Fremdenbuches von Vent gibt sie Einblick in die Lebenswelten, Ideale und Konflikte jener Menschen, die sich aus einer Mischung von romantischer Sehnsucht und sportlichem Ehrgeiz ins Hochgebirge wagten.

Den Abschluss macht die Kulturwissenschaftlerin Edith Hessenberger mit dem Beitrag „Entdecken – Sehnen – Verlieren. Eine bewegte Geschichte der Wahrnehmung von Gletschern in der Moderne". Sie schlägt den Bogen von der Entdeckung der erhabenen Landschaft Anfang des 19. Jahrhunderts bis hin zur zeitgenössischen Auseinandersetzung mit den Themen Klimakrise und Mensch und Umwelt, indem sie abschließend aktuelle künstlerische Arbeiten zur Thematik vorstellt.

Die weltweit allererste Darstellung eines Gletschers wurde im Ötztal angefertigt, es handelt sich um ein Aquarell nach Skizzen von Abraham Jäger, der 1601 den Vernagtferner beim Aufstauen des Rofenbaches darstellte. Und bis heute stellen die Gletscher das Herz, den Wasserspeicher und nicht zuletzt ein mehrere Jahrtausende zurückreichendes Eisgedächtnis der Region dar.

Das Alpenverein-Museum und die Ötztaler Museen laden nun zu einer Zeitreise durch vier Jahrhunderte Ötztaler Gletscher ein, eine Reise die auch bequem von zuhause aus unternommen werden kann.

Edith Hessenberger und Veronika Raich

Messung der Längenänderung am Kesselwandferner im Sommer 2022

Wie der forschende Blick auf die Gletscher unsere Sicht auf die Welt änderte

Andrea Fischer

Wenn wir heute Gletscherbilder sehen, so schwingt oft die Ahnung des nahen Endes mit: Dunkle Blankeisflächen (Abb. 1), Schmelzwasserbäche und Schutt auf der Gletscheroberfläche zeugen von den extremen Schmelzereignissen, die auch das Ötztal in den letzten 20 Jahren vermehrt betroffen haben. Die leuchtenden Firnfelder und blauen Eisflächen, die auf den Gletscherbildern des letzten Jahrtausends zu sehen sind, scheinen der Vergangenheit anzugehören. Werden wir uns an die grauen Eisflächen gewöhnen müssen – oder sind selbst sie nur ein Wimpernschlag der Erdgeschichte? Unser Bild der Gletscher und ihrer Rolle in der Welt hat sich in den letzten 150 Jahren stark geändert,[1] und dieser Weg des Erkennens und der wissenschaftlichen Erkenntnis wird in den nächsten Jahrzehnten ebenso spannend weitergehen, wie er mit der ersten Gletscherdarstellung vor mehr als 400 Jahren begonnen hat. Damals stellte Abraham Jäger die Situation vor Ausbruch des Rofner Eisstausees dar,[2] und es waren die Gletscherkatastrophen, die das Bild der Gletscher prägten. Die Erforschung der Ursachen dieser Ausbrüche war die Geburtsstunde der Gletscherforschung. Seit der ersten Darstellung eines Gletschers auf einer Karte, des „Großferners" in den Ötztaler Alpen,[3] gibt es mittlerweile ein weltweites Gletscherinventar, und die Veränderung der Eisflächen wird laufend beobachtet,[4] ebenso die Auswirkung der Schmelze auf den Meeresspiegel, den Wasserhaushalt und die Vegetation. Heute spielen die Gletscher vor allem als Zeugen

---

1 Fischer und Vukovic 2023.
2 Nicolussi 1990.
3 Kinzl 1956.
4 Pörtner et al. 2019.

und Archive des Klimawandels eine Rolle,[5] und die Sorge hinsichtlich einer Klimakrise treibt einen Gutteil der Forschungen an.

Beginnend mit dem heißem Sommer 2003, in dem das erste Mal auch die höchsten Gipfel von der Schmelze betroffen waren, wurde der Sommerschnee immer weniger. Nicht nur das verringerte die Strahlkraft unserer Gletscher. Auch die zunehmende Schuttbedeckung und die Schmelze selbst verdunkeln die Eisflächen. Das ändert nicht nur das Landschaftsbild, sondern beschleunigt auch den Gletscherrückgang. Die dunklen Oberflächen reflektieren weniger Sonnenlicht als die hellen Schnee- und Firnflächen. So dringt mehr Energie ins Eis ein und steht dort für die Schmelze zur Verfügung. Im Jahr 2022 schmolz etwa drei Mal so viel Eis wie in einem durchschnittlichen Jahr, und die Schmelzsaison dauerte auch an den höchstgelegenen Eisflächen mehrere Wochen.

Abb. 1: Das dunkle Ende der Gletscherzunge des Kesselwandferners bei den Längenmessungen im Jahr 2022.

Die Einordnung des Jahres 2022 in eine lange Zeitreihe zeigt uns, wie außergewöhnlich dieser Gletschersommer war. In den Ötztaler Alpen ist der Vergleich am eindrücklichsten, befinden sich doch hier die am längsten wissenschaftlich beobachteten Gletscher der Ostalpen.[6] Vernagtferner, Hintereisferner und Kesselwandferner werden oft auch als die Wiege der ostalpinen Gletscherforschung bezeichnet. Hier wurden Erkenntnisse

---

5 Bohleber 2019.
6 Fischer et al. 2018; Fischer und Mayer 2021.

erarbeitet, die ihren Weg in die Welt fanden, und insbesondere der Hintereisferner wurde so zu einem Lehrbuchgletscher, dessen Bilder sich in allen Werken zur Gletscherkunde fanden (Abb. 2).

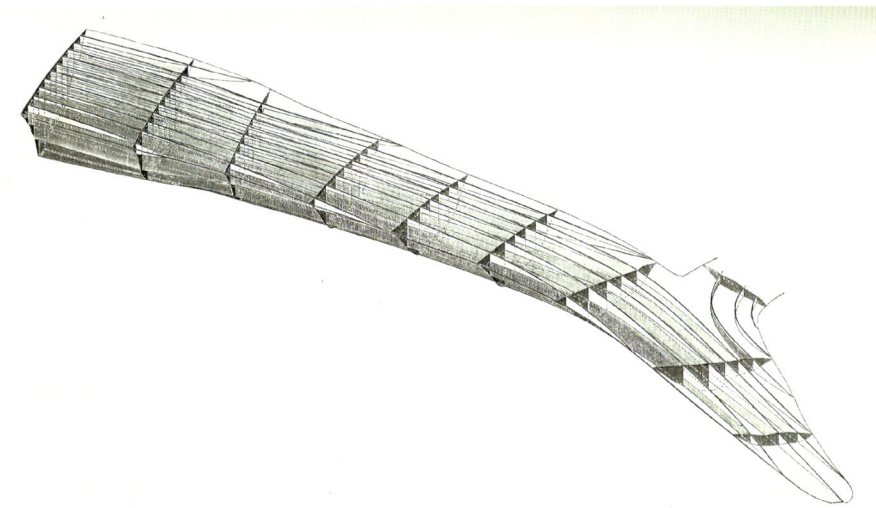

Abb. 2: Der forschende Blick auf den Hintereisferner ließ das wissenschaftliche Bild des Gletschers entstehen. Die Ergebnisse mehrerer Jahrzehnte Forschung waren fast ein Jahrhundert lang in allen Lehrbüchern abgebildet.[7]

Auch bei der Entdeckung des Klimawandels spielten die Gletscher zu Beginn des 20. Jahrhunderts eine Schlüsselrolle. Friedrich Simony, der erste Professor für das damals neue Fach der Physischen Geographie in Österreich, konnte nachweisen, dass die Gletscher die Landschaft auf charakteristische Weise formen. Er benutzte erst Aquarelle und später die Photographie, um die Prozesse und Phänomene des Hochgebirges darzustellen.[8] Die damals neuartige Verwendung von Bilddokumenten in der wissenschaftlichen Diskussion war überzeugend. Seither haben ‚Darstellungen nach der Natur'

---

7   Hess, 1904, 334.
8   Vukovic, 2019.

in verschiedenen Formen einen wichtigen Platz in den Geowissenschaften. Methoden wie die photogrammetrische Erfassung von Veränderungen, Satellitenbilder oder hochpräzise Höhenmodelle sind aus der Forschung nicht mehr wegzudenken und liefern ein präzises Bild, aber auch Zahlen zu den Änderungen.

Die frühen Bilder des Erhabenen, gleißender weißer Eisriesen, erscheinen uns wie eine Botschaft aus vergangenen Zeiten, aus der guten alten Welt ohne Klimawandel und Globalisierung. Früher war alles besser, sogar die Zukunft, scheinen uns die Bilder zu erzählen. Ein Blick auf die Forschungsgeschichte erzählt uns aber vom Eiszeitlichen Maximum vor etwa 18.000 Jahren, in dem die Gletscher die gesamten Alpen bedeckten und von den Vorstößen und Katastrophen der Kleinen Eiszeit. Sie erzählen von der nur wenige Jahrzehnte zurückliegenden Angst vor einer neuen Eiszeit beim Gletschervorstoß der 1980er, bei dem etwa der Kesselwandferner fast einen halben Kilometer vorgestoßen ist. Der vom Menschen verursachte Klimawandel, dessen Folgen für die Gletscher der Welt in den IPCC-Berichten zusammengefasst werden, wird oft von Vergleichsbildern illustriert, die die Änderung der Gletscher in den letzten 150 Jahren zeigen und den Klimawandel greifbar machen. Auch in diesen Berichten haben die Ötztaler Gletscher und ihre Messungen noch einen prominenten Platz. Da die Ostalpengletscher unter den am schnellsten verschwindenden Gebirgsgletschern der Welt sind, werden die Ötztaler Gletscher wohl ihren prominenten Platz in der Erzählung der Geschichte des Eises behalten, bis zum bittern Ende. Je nach dem Erfolg oder Misserfolg der Maßnahmen zur Reduktion der CO_2-Emissionen dürften die Gletscher bis zum Ende des Jahrhunderts Geschichte sein[9] – das macht die Bilddokumente für zukünftige Generationen besonders wertvoll. Nur bei Einhaltung des 1°-Celsius-Ziels zeigen die Berechnungen der Zukunftsszenarien eine Abkühlung, die das Wiedererstarken der Gletscher ab 2100 ermöglicht. Mit den Gletschern verschwinden auch die Eisarchive der Gipfeleiskappen (Abb. 3), die für die letzten 6.000 Jahre nicht nur Informationen zum Klima, sondern auch über Umweltereignisse wie Waldbrände oder menschliche Aktivitäten enthalten. In diesen Eisarchiven wird mit dem Schnee alles abgelagert, was sich in der Luft befindet. Das betrifft sowohl Quellen in der unmittelbaren Umgebung des Gletschers als auch weit entfernte Quellen, vom Saharastaub zu Pflanzenpollen,

---

9 Compagno et al. 2021.

vom Tritium aus den Atombombentests bis zu Asche aus Rodungen im Tal. Es sind die Eisbohrkerne wie etwa vom Gipfel der Weißseespitze, die zeigen, dass die Gletscher zum natürlich bedingten Holozänen Klimaoptimum vor etwa 6.000 Jahren schon einmal abgeschmolzen waren.[10] Es ist also nicht auszuschließen, dass die goldenen Löffelchen von Onanä und Tanneneh durch den vom Menschen verursachten Klimawandel zu Tage befördert werden. In diesem Beitrag verfolgen wir den Wandel unseres Gletscherbildes seit den Hochständen der Kleinen Eiszeit und damit des Platzes, der den Eisriesen in unserer Sicht der Welt zugewiesen wird.

Abb. 3: Eisbohrungen auf der Weißseespitze im Jahr 2018 mit Blick zur Wildspitze. Das Eis ist bis zu 6.000 Jahre alt.

---

10   Fischer et al. 2022.

Bilder der frühen Gletscherforschung in den Ötztaler Alpen

Die Wissenschaften kämpften zur Kleinen Eiszeit um ihren Platz in der Welt, vorerst war es noch die Religion, die die Tatsachen bestimmte. Die Abkühlung der Temperaturen und das Anwachsen der Gletscher wurden also als Strafe Gottes gedeutet, denen auch mit religiösen Mitteln wie Gebet und Prozession beizukommen sei. Den heute als Folge der großen eiszeitlichen Gletscherstände eingeordneten Landschaftsformen wie etwa Moränen oder Findlinge wurde eine Entstehung durch die biblische Sintflut zugeschrieben. Vor diesem Hintergrund sind die ersten Skizzen der Ötztaler Gletscher und die Darstellung der Ausbrüche der Ötztaler Gletscherseen als Beschreibung von Ursache und Wirkung als revolutionär anzusehen.

Joseph Walchers Werk ‚Von den Eisbergen in Tyrol'[11] ist hier als eine der ersten umfassenden naturwissenschaftlichen Abhandlungen anzusehen, wobei Joseph Walcher selbst als Jesuit einerseits und Professor für Mechanik und Hydraulik andererseits etwas zwischen den Stühlen saß. Er löste das Problem, dass die Erschaffung der Welt damals allgemein anerkannt nach sieben Tagen abgeschlossen war, sich aber die Gletscher weiter änderten, sehr elegant, indem er die Gletscher als ‚Pflugschar Gottes' bezeichnete. Dieses Bild ermöglichte die Koexistenz einer von Gott in sieben Tagen erschaffenen Welt mit unserer modernen Vorstellung von Gletschern, die sich mit dem Klima ändern und dabei die Landschaft formen.

Das Formen der Landschaft durch die Gletscher wurde von Friedrich Simony am Hohen Dachstein nachgewiesen. Simony erforschte dort über mehrere Jahrzehnte die Änderungen der Gletscher und protokollierte die Prozesse akribisch in Bilddokumenten. Mithilfe dieser Bilddokumente konnte er nachweisen, dass vorstoßende Gletscher den Untergrund formten, Blöcke transportierten und Steinwälle, sogenannte Moränen, aufschoben, die nach dem Zurückweichen des Eises einen Gletscherhochstand anzeigten. Er verwendete als Methode erst Aquarelle, in denen er die Landschaft naturgetreu darstellte. Die Hochgebirgsphotographie steckte zu Simonys Zeiten noch in den Kinderschuhen, und die Herstellung von Gletscherphotos war immens aufwendig, muss-

---
11 Walcher 1773.

ten doch alle notwendigen Utensilien vor Ort gebracht werden. Simony war auch in den Ötztaler Alpen unterwegs und hat Stand und Zustand ausgewählter Gletscher sehr detailgenau dokumentiert (Abb. 4).

Abb. 4: Die Skizzen Friedrich Simonys hatten den Anspruch, naturgetreu die Landschaftsformen wiederzugeben und so als Grundlage für wissenschaftliche Diskussionen zu dienen.

Die grundlegenden Arbeiten des ausgehenden 19. Jahrhunderts hatten das Ziel, die Änderung der Gletscher und ihre Ursachen zu erforschen. Vermutet wurde eine Regelmäßigkeit des Vorstoßens und anschließenden Rückgangs, und aufgrund der historischen Dokumente wurde versucht eine Periodenlänge festzulegen. Dazu war die Messung der Längenänderungen wichtig, die seit 1891 auf systematische Weise nach einem Aufruf des Gletscherforschers Eduard Richters (1847–1905) durch Bergführer vor Ort, aber auch städtische Forscher durchgeführt wurde. Diese regelmäßigen Untersuchungen führten zu einer Reihe von Bilddokumenten, die die Änderungen der Gletscher hauptsächlich des Rofentals zeigten.

Das Aufkommen der Kartographie und das Bemühen der alpinen Vereine, ihren Mitgliedern das Bereisen der Alpen auch durch gute Unterlagen zu erleichtern, führte zum Entstehen detailgenauer Kartenwerke, die den Zustand der Gletscher als wichtige Information für die Bergsteiger mit berücksichtigten.

Vor Erstellung dieser Karten verursachten die vorrückenden Gletscher so manche Probleme, etwa musste der Weg zwischen Schnals und Vent öfter aufgrund des Vorrückens des Hochjochferners verlegt werden, und die Wegbeschreibung war den Reisenden wenig hilfreich, wenn sie sich plötzlich vor der senkrecht aufragenden Eiswand der Gletscherzunge befanden, die aufgrund des raschen Fließens stark zerklüftet und kaum passierbar war.

Auch erste Messungen der Fließgeschwindigkeit an der Gletscheroberfläche wurden im Zuge dieser Messprogramme durchgeführt, da klar war, dass das Vorrücken der Gletscherzungen mit einem Anwachsen der Fließgeschwindigkeiten zusammenhängt. In Ermangelung von Messdaten gab es viele verschiedene Theorien sowohl über die Art des Gletscherfließens[12] als auch die Dicke des Eises. Diese Frage konnte erst durch ein Forschungsprojekt entschieden werden, das mehrere Jahrzehnte Zeit in Anspruch nahm: die Durchbohrung des Hintereisferners.

Die Lösung des Rätsels: Durchbohrung des Hintereisferners

Zwischen 1893 und 1922 wurde der Hintereisferner an 12 Stellen bis zum Untergrund durchbohrt (Abb. 5), um die Eisdicke, die Fließgeschwindigkeit und die Schmelze zu messen.[13] Der Transport des dazu nötigen Geräts stellte einen riesigen Aufwand dar, mussten doch Mensch und Material mithilfe von Tragtieren und Trägern zum Lager auf den Gletscher transportiert werden, wo für mehrere Wochen gebohrt wurde. Allein der Transport des 2,5 Tonnen schweren Gepäcks von Oetz nach Sölden benötigte mehrere Tage, da alle Tragtiere durch Touristen belegt waren und das Material von Trägern befördert werden musste.

---

12 Heim 1885.
13 Hess 1924.

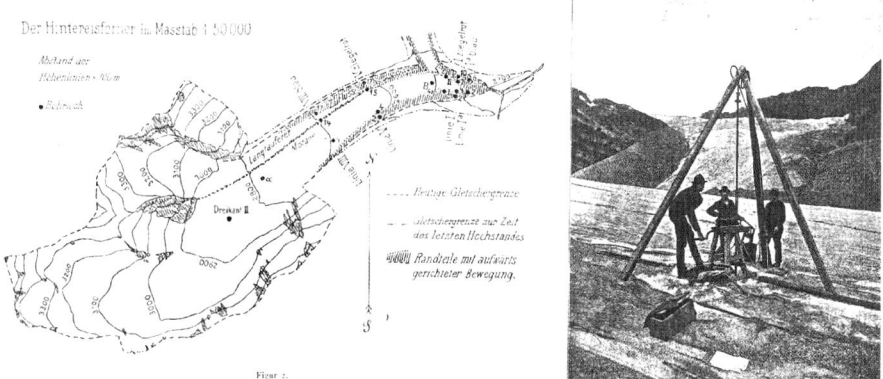

Abb. 5: Die Tiefenbohrungen am Hintereisferner 1893 bis 1922 bedeuteten einen extremen Aufwand, aber auch den Durchbruch beim Verständnis des Gletscherfließens.[14]

Abb. 6: Postkarte von den Tiefenbohrungen am Hintereisferner 1903, produziert im Verlag des Venter Kuraten Johann Georg Thöni.

---

14 Blümcke und Hess 1899, 34.

Die Durchbohrung des Hintereisferners stellte den Durchbruch in der Frage der Gletscherbewegung dar. Sebastian Finsterwalder gründete seine Theorie des Gletscherfließens auf der Verbiegung der Bohrstangen im Eis und auf der Messung von Schmelze und Fließgeschwindigkeit an der Stangenposition. Damit gab es auch Bilder der Transportwege innerhalb des Gletschers, die das Verschwinden und Wiederauftauchen am Gletscher verlorener Gegenstände beschreiben. Die ersten Modelle des Gletscheruntergrundes von Hintereisferner und Kesselwandferner[15] zeigen uns ein Bild des nackten Untergrunds, der Landschaft ohne Eis, wenn auch noch ohne Textur. In der Folge wurden an den Ötztaler Gletschern die auch heute noch üblichen Methoden der Radioecholotung[16] und der seismischen[17] Erfassung des Gletscheruntergrunds verwendet, um die ersten Zukunftsszenarien zu berechnen (Abb. 7). Aus damaliger Sicht war mit dem Verschwinden des Eises 2254 zu rechnen, wobei das Modell vier Szenarien mit 100 Jahren Abstand wiedergab.

---

15 Hess 1924.
16 Stern 1930; Fritsch 1940.
17 Förtsch and Vidal 1956a; Förtsch and Vidal 1956b.

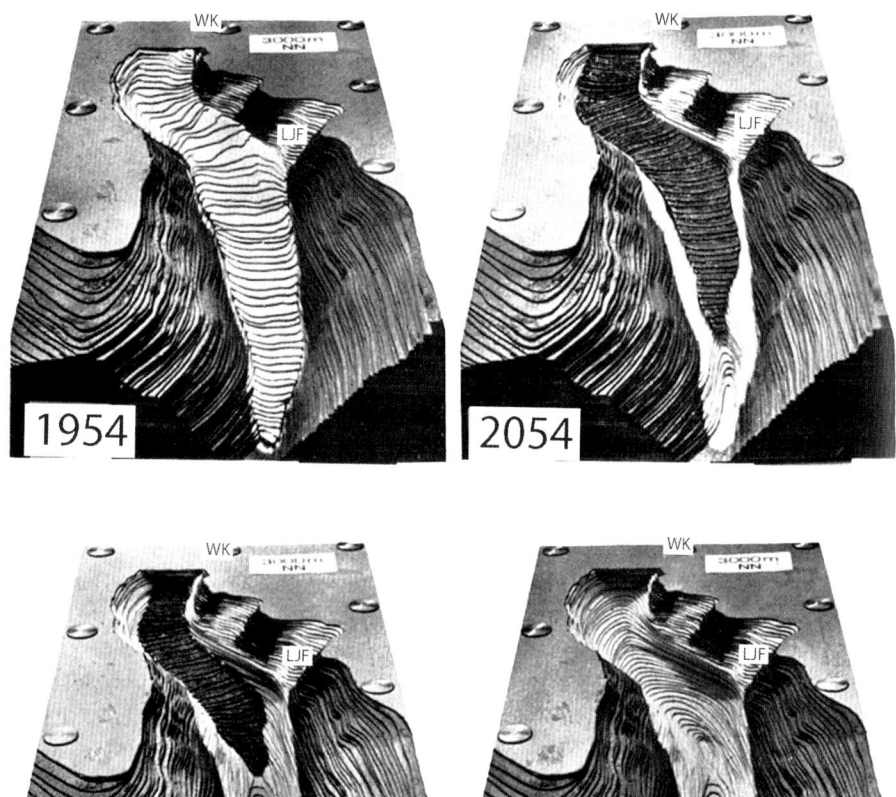

Abb. 7: Förtsch und Vidal modellierten in der Mitte des letzten Jahrhunderts aufgrund ihrer Dickenmessungen und der Schmelze die Zukunft des Hintereisferners bis ins Jahr 2254. Damals wurden noch keine Computermodelle, sondern Sperrholzmodelle benutzt. Der heutige Gletscherstand liegt etwa beim für das Jahr 2154 vorausgesagten. (WK = Weißkugel; LJF = Langtaufererjochferner)

Die goldenen Jahre: Schnee und Eis als neues Gold

Elektrische Energie als Hoffnungsträger des 20. Jahrhunderts erforderte den Bau von Kraftwerken. Die Gletscher wurden als Wasserlieferanten interessant, an den Gletscherbächen entstanden eine Reihe von Speicherkraftwerken. Es gibt aus dieser Epoche nicht nur Bilder von Gletschern hinter großen Talsperren, die den technischen Fortschritt dokumentieren, auch die Forschung wendet sich der Rolle der Gletscher im Wasserhaushalt zu. Die Dokumentation der Massenänderung der Gletscher, die sogenannte Massenbilanz, und damit der Wasserspende der Gletscher sowie der insgesamt gespeicherten Wassermenge rückte in den Fokus der Forschung. Am Hintereisferner und Kesselwandferner wurden 1952 die ersten Massenbilanzmessungen Österreichs begonnen.[18] Auch wenn später andere vergletscherte Regionen wie die Hohen Tauern oder die Zillertaler Alpen viel stärker energiewirtschaftlich genutzt wurden, wurde das grundlegende Verständnis des Zusammenhangs zwischen Abfluss und den meteorologischen und glaziologischen Bedingungen anhand der Ötztaler Alpen entwickelt. Die von Hoinkes mithilfe der Massenbilanzreihe am Hintereisferner auf Basis der Ideen Finsterwalders entwickelte Grad-Tag-Methode[19] stellte ein robustes, auch heute noch für hydrologische Anwendungen verwendetes Modell dar, um Tagesabflüsse zu berechnen. Die Gletscher waren somit Teil des Fortschrittes. Zu diesem Fortschritt gehörte natürlich in den Jahren um die Mondlandung die Entwicklung von Methoden der Satellitenfernerkundung. Insbesondere die Erfassung der Schneedeckenverteilung im Jahresverlauf stellte für die Wissenschaft eine Herausforderung dar. Schneekartierungsmethoden zur Erfassung der saisonalen Schneedecke waren ein weiterer Mosaikstein in unserem Bild der Gletscher, die in den Ötztaler Alpen mitentwickelt wurden. Eine der ersten Arbeiten zur Ableitung der Schneekartierung aus Multispektraldaten des Landsat-Satelliten wurde im Ötztal durchgeführt.[20]

Damit wurde der bildhafte Zugang zum Forschungsgegenstand Gletscher mehr und mehr durch Zahlen ersetzt. Während Berichte zu Längenänderungen oft noch mit Bild-

---

18 Hoinkes 1970; Kuhn et al.; 1999.
19 Hoinkes und Steinacker 1975.
20 Rott 1977.

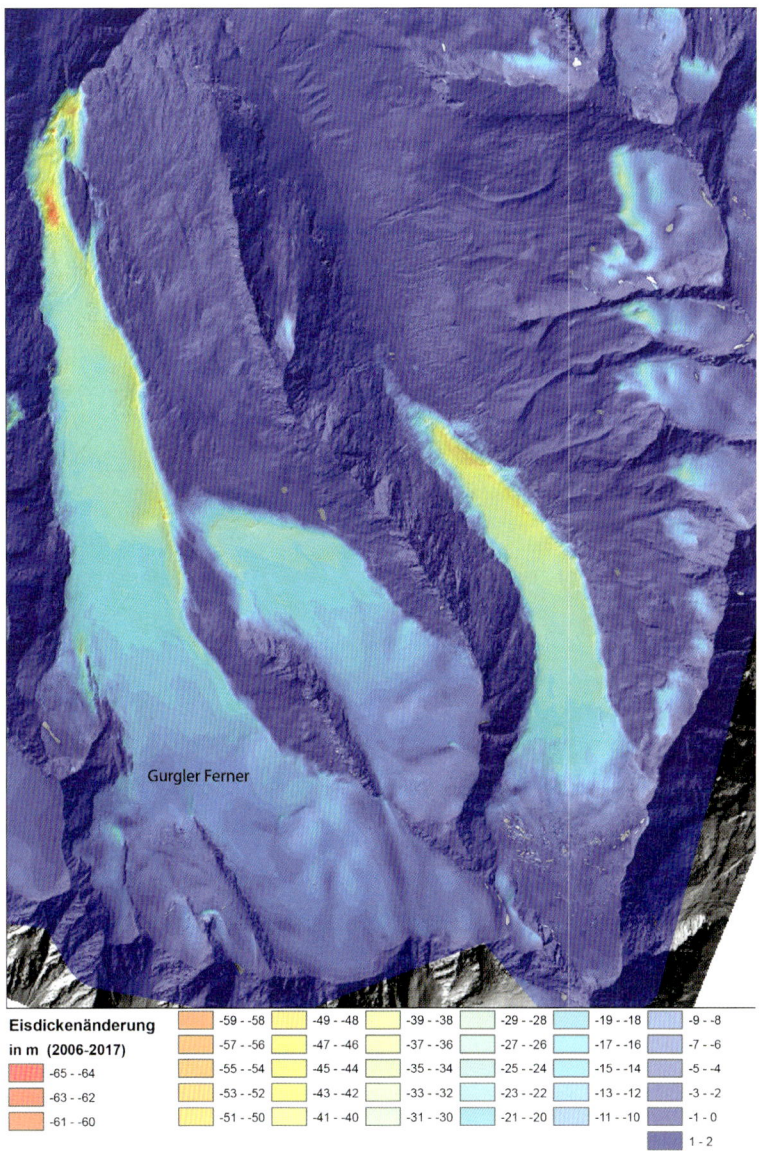

Abb. 8: Semitransparente Darstellung der Eisdickenänderung zwischen 2006 und 2017 auf dem beleuchteten Höhenmodell 2017, berechnet aus hochaufgelösten Geodaten des Landes Tirol für den Gurgler Ferner.

dokumenten, Skizzen, Fotos oder Beschreibungen ergänzt wurden und werden, sind Massenbilanzmessungen wesentlich abstrakter. Zum einen wird die Aussage, nämlich die genaue Masse, die in einem Jahr verloren ging oder dazugekommen ist, präziser, aber auch weniger anschaulich und intuitiv, als dies etwa bei Bildvergleichen der Fall ist. Höhenmodelle der Gletscheroberfläche, die verstärkt in den letzten Jahren zur Erhebung der sogenannten geodätischen Massenbilanz genutzt werden, also der Volumsverluste oder -gewinne über einen längeren Zeitraum, stellen eine weitere Abstraktion dar. Aus Höhenmodellen und deren Differenzen können aber wiederum sehr anschauliche Bilder des Gletschers und seiner Änderungen gerechnet werden, etwa beleuchtete Höhenmodelle oder Höhenänderungen (Abb. 8).

Abb. 9: ‚Gletscherpflaster' schützen am 20.08.2020 neuralgische Stellen am Rettenbachferner. Durch Abdecken mit Vliesen kann über den Sommer die Schmelze um zwei Drittel verringert werden.

Schnee ist auch besonders wichtig für den Skitourismus, der in den Ötztaler Alpen eine lange Geschichte hat. Insbesondere durch die gute Infrastruktur der Schutzhütten fand der Skitourensport schon vor mehr als hundert Jahren Anhänger, die ins Ötztal pilgerten. 1972 wurde der Hochjochferner erschlossen, 1975 wurde der erste Schlepplift am Rettenbachferner eröffnet. Die Gletscherbahnen waren zu Beginn nicht auf Winterbetrieb ausgerichtet, sondern für den Sommer gedacht. Nach einer kurzen Vorstoßperiode in den 1980ern, in denen die Infrastruktur in Gletschernähe gefährdet schien, begannen mit der Jahrtausendwende die Sommer schneeärmer zu werden, die Firndecke nahm ab und der Sommerskibetrieb wurde nach und nach weniger. Schneemanagement-Maßnahmen wie das Abdecken der Gletscher mit Vliesen während der Sommermonate werden heute verwendet, um das Abschmelzen der Gletscher im Bereich kritischer Infrastruktur wie etwa Liftstützen zu reduzieren.[21] Die Schaffung von Schneedepots durch Verschieben oder Produktion von Schnee ist eine weitere Schneemanagement-Maßnahme, die das Einsinken der Oberfläche und somit die Adaption der Liftanlagen verzögert. Die Wirksamkeit der Gletscherabdeckungen beruht auf dem gegenüber der dunklen Blankeisfläche verringerten Anteil des in den Gletscher eindringenden Anteils der Strahlungsenergie. Diese Maßnahme wurde in den Medien als ‚Gletscherpflaster' (Abb. 9) oder auch als ‚Leichentuch' bezeichnet und hat in der zeitgenössischen Kunst Niederschlag gefunden. Die Frage, ob das Verringern der Schmelze, die ja ihre Ursache im menschgemachten Klimawandel hat, ein ethisch zulässiger Eingriff ist, ist nicht objektiv beantwortbar, was naturgemäß zur Emotionalisierung der Debatte beiträgt.

Der menschgemachte Klimawandel

In der Glaziologie der 1980er Jahre dominierten Bilder von vorstoßenden Gletschern auch die wissenschaftliche Sicht. Im Gletscherbericht des Alpenvereins im Jahr 1985 stießen 16 der 28 gemessenen Gletscher vor.[22] Gleichzeitig rückten der durch den Menschen verursachte Klimawandel und dessen Auswirkungen auf Eis und Schnee unauf-

---

21 Fischer et al. 2016.
22 Patzelt 1986.

haltsam in den Vordergrund, schon 1990/91 rückten nur mehr zwei Ötztaler Gletscher vor.[23] Der extrem warme Sommer 2003 stellte einen Wendepunkt für die Gletscher – auch in den Ötztaler Alpen – dar. Im Hitzesommer 2003 kam es über fast die gesamte Gletscherfläche bis hinauf auf die höchsten Gipfel zu Massenverlusten. Während sich die meisten Menschen, die in den Bergen unterwegs waren, über den vermeintlichen ‚Jahrhundertsommer' freuten, mehrten sich die Warnungen vor den steigenden Temperaturen, die bis zum Ende des Jahrhunderts zu Temperaturanstiegen von bis zu 6° C führen könnten. Die vorstoßenden Gletscher der 1980er und 1990er Jahre, die Ängste vor einer neuen Eiszeit hervorgerufen hatten, wurden mit der damaligen Luftverschmutzung in Verbindung gebracht, die durch den Mechanismus des ‚Global Dimming'[24] den Klimawandel kurzfristig kompensiert hat: Durch vermehrte Wolkenbildung aufgrund der Rußteilchen stieg der Niederschlag, die Temperaturen sanken, und die Gletscher konnten vorstoßen. Als die Maßnahmen zur Luftreinhaltung die Kondensationskeime in der Atmosphäre reduzierten, stiegen die Temperaturen umso rascher an. Seit 2003 gab es daher immer wieder Rekordschmelzen. Während im Durchschnitt der Gletscher Österreichs pro Jahr etwa ein Meter Eis verloren ging, waren es 2003 zwei Meter, an einigen besonders betroffenen Gletschern knapp drei Meter. Allgemein ging man davon aus, dass die Rekordwerte des Jahres 2003 so bald nicht mehr großflächig auftreten würden. Als auf einen extrem schneearmen Winter 2021/22 ein extrem heißer Sommer folgte, wurde das Jahr 2022 zu einem Meilenstein der Gletscherschmelze, so wie es für die letzten 20 Jahre 2003 geworden war. Nachdem die Gletscherzungen schon weit nach oben gerückt waren und somit die Flächen, die 2003 am meisten zum Abfluss beigetragen hatten, gar nicht mehr vergletschert waren, war es erstaunlich, dass 2022 mit einer Schmelze von im Mittel drei Meter Eis das Jahr 2003 noch deutlich übertroffen wurde. Das Aussehen der Gletscher hat sich mittlerweile durch den fast völligen Verlust der Firnbedeckung und der Zunahme der Schuttbedeckung stark verändert. Anstatt der hellen und gleißenden Firnfelder finden wir teilweise schon im Juli dunkles Blankeis vor. Während im Extremsommer 2003 die Gletscher an Geschwindigkeit zulegten und das Öffnen großer Gletscherspalten zum Problem für BergsteigerInnen wurde, sind die

---

23 Patzelt 1992.
24 Wild et al. 2005.

Fließgeschwindigkeiten der Ötztaler Gletscher stark gesunken. Imposante Spaltenzonen wie etwa am Kesselwandferner gehören weitgehend der Vergangenheit an (Abb. 10).

Abb. 10: Im Jahr 2022 präsentiert sich die Zunge des Kesselwandferners bewegungsarm[25] und daher weitgehend spaltenfrei, der imposante Eisbruch ist vollständig abgeschmolzen.

Die Gletscherbilder, die diese Änderungen am besten zeigen, stammen von fix installierten Zeitrafferkameras oder Vermessungsarbeiten. In diesen Wiederholungsaufnahmen werden auch Änderungen sichtbar, die in den Messdaten wie etwa Längen- oder Dickenänderungsmessungen nicht erfasst werden. Einen Spezialfall der Wiederholungsaufnahmen für das Abbilden der Veränderungen stellen Satellitendaten dar. Da die Auflösung deutlich geringer ist als etwa die von Orthofotos oder auch von terrestrischen Aufnahmen, eignen sie sich vor allem zum Messen großflächiger Änderungen etwa der Gletscherfläche, der Schneedecke oder der Vegetationsbedeckung.

---

25   Stocker, Waldhuber et al. 2019.

Abb. 11 a+b: Aus fotographischen Zeitreihen wird die Änderung der Gletscher schnell und intuitiv erfassbar, wie hier der Hintereisferner in Vent im Vergleich der Jahre 2006 (oben) und 2022 (unten).

Die Bedeutung der Bilder des Vergänglichen

Pro Tag schmelzen im Sommer zehn bis zwanzig Zentimeter Eis. Nachdem bis 2100 gemäß den Modellierungen bei einem Temperaturanstieg von global 1,5 °C etwa zwei Drittel der Gletscherfläche der Alpen abgeschmolzen sein werden, ist jedes Bild eines Gletschers ein Bild, das die Vergänglichkeit darstellt. Das gilt natürlich auch für jedes Porträt eines Menschen, aber im Unterschied zu der Kürze und Verletzlichkeit eines Menschenlebens ging man lange Zeit davon aus, dass sich die Landschaft deutlich weniger schnell ändert. Kinder, die heute geboren werden, werden mit großer Wahrscheinlichkeit nahezu eisfreie Ostalpen erleben – sollte nicht die Natur etwa durch Vulkanausbrüche aller Vorschaurechnungen spotten. Es gibt natürliche, durchaus sehr rasche Klimaschwankungen, die wir wahrscheinlich schlechter einschätzen können als die Erhöhung der Temperaturen durch Treibhausgase. In den Böden der Ötztaler Alpen, etwa im Vorfeld des Rotmoosferners, sind die Klimaänderungen archiviert.[26]

Einstweilen gilt es, die Gletscher bewusst zu betrachten und diese Bilder auch abzuspeichern im Bewusstsein, dass sie einen Übergangszustand darstellen. Ähnlich wie vorbeiziehende Wolken sind auch Gletscher vergängliche Phänomene, deren Form und Aussehen sich stetig ändert. Das macht die Bilder dieser transienten Wesen wertvoll. Der Philosoph Ludwig Wittgenstein widmete sich der Photographie, weil sie ein Medium sei, bei dem man nicht vorher festlegen muss, was man darstellen möchte.[27] Dadurch können wir uns zumindest im Nachhinein aus dem Bildvergleich die Veränderungen ableiten, von denen wir zwar wissen, dass sie geschehen, aber nicht vorahnen können wie, wo und wann. Es bleibt die Spannung, wie die Gletscher sich in den nächsten Jahren und Jahrzehnten verändern. Wenn wir auch nicht wissen können, wie sich Treibhausgase, Vulkane und Meeresströmungen auf die Temperaturen und damit die Gletscher auswirken werden, führen uns die Bilder der schmelzenden Gletscher den derzeitigen Temperaturanstieg vor Augen. Diesen Bildern wird zugeschrieben, im Zugang des Menschen zur Gestaltung seiner Welt eine Rolle zu spielen. Unbenommen

---

26 Patzelt 2019.
27 Ausstellungskatalog Wittgenstein 2021.

dessen, wie sich die Gletscher entwickeln werden, wissen wir, wie wir ihre Schönheit und Ästhetik für die Nachwelt festhalten können: in Bildern (Abb. 11).

Marzellferner und Similaun 1884. Photographie von Gustav Jägermayer

Gletscherbilder aus dem Ötztal

Gernot und Ilse Patzelt

Gletscher sind eine Naturerscheinung. Ihre Darstellung in Bildern diente ursprünglich dazu, ihren Zustand festzuhalten und zu dokumentieren, so wie das der Landschaftsmaler Thomas Ender im Auftrag von Erzherzog Johann in vorbildlicher Weise getan hat. Er hat mit seinen Aquarellen aber auch Kunstwerke von höchster Vollendung geschaffen. Als Kunstwerke zu betrachten sind auch frühere Arten der Landschaftsdarstellung, so wie etwa die Tirolkarte von Peter Anich und Blasius Hueber, in der das Ötztal besonders detailreich und genau bearbeitet ist.

Gletscherbilder aus dem Ötztal gibt es neben der Pasterze (Großglocknergruppe) so zahlreich wie sonst aus keiner Gebirgsgruppe der Ostalpen. Hier haben die Gletscher in den Wirtschaftsraum heruntergereicht, diesen oft durch rasches Anwachsen gefährdet und bei Gletscherausbrüchen auch zerstört. So ist die älteste Darstellung eines Alpengletschers mit dem Zungenende des Vernagtferners im Jahre 1601 entstanden. Die spätere Vorstoßperiode des Vernagtferners um 1680 ist dann sehr genau beobachtet worden. Solche Gletscherbilder werden heute auch als frühe Kunstwerke der Landschaftsdarstellung betrachtet.

Ab 1868 wird die Gletschersituation in Fotografien festgehalten und damit das zunehmende Reisepublikum angesprochen. Die Ötztaler Gletscher werden auf diese Weise weit über die Landesgrenzen hinausreichend bekannt gemacht. Kunsthistorisch hat die Fotografie jedoch geringere Bedeutung. Nur mit der Einführung der Lithografie erfährt die Darstellungsmethode von Gletschern eine neue Komponente, die der Verbreitung von Gletscherbildern sehr förderlich ist. Das Bild des Gurgler Ferners ist ein frühes Beispiel dafür.

Die Gletscherbilder und ihre kunsthistorische Bedeutung

Die im Jahre 1601 entstandene Abbildung des Vernagtferners mit dem gestauten Talsee und den zahlreichen Maßangaben[1] wird dem Bauschreiber Abraham Jäger zugeschrieben. Es ist dies die älteste Bilddarstellung eines Gletschers der Alpen (Abb. 1). In weiterer Folge ist der Vernagtferner immer wieder bis ins Rofental vorgestoßen und hat den See aufgestaut. Er wurde genau beobachtet, sodass die Vorstoßperiode der Jahre um 1680 sehr gut dokumentiert ist: Im Mai 1678 ist der Gletscher bis ins Haupttal vorgerückt (Abb. 2) und hat am 29. Mai 1679 das Rofental abgesperrt (Abb. 3). Bis Anfang Juli 1681 ist der Seespiegel weiter angestiegen und erreichte am 10. Juli 1681 den Maximalstand dieser Vorstoßperiode. Am 15. Juli 1681 war der Eisdamm des Vernagtferners hammerförmig ausgebreitet und der See reichte bis zur Einmündung des Abflusses vom Hochjochferner zurück (Abb. 4).

In der Tirolkarte von Peter Anich und Blasius Hueber, die 1769 gezeichnet wurde und 1771 erschienen ist, sind die Gletscher des inneren Ötztales erstmals detailliert dargestellt. In der Karte ist der Vernagtferner und der von ihm gestaute See eingetragen und mit der Anmerkung versehen: „gewester See so Ano 1678, 1679, u. 1681 völlig ausgebrochen und 1771 sich wieder gesamelt"[2]. Die Eintragung ist ein wichtiges gletschergeschichtliches Dokument, aber als solches kein Kunstwerk. Die Karte als Ganzes hat jedoch zweifellos kulturhistorische Bedeutung. Sie ist ein kunstvolles Werk der Rokokozeit.

Der Gletschervorstoß von 1771 war der Anlass, der den Mechanikprofessor der Universität Wien, Joseph Walcher, zur Reise ins Ötztal anregte. Walcher (1773) hat neben der wenig aussagekräftigen Abbildung des Gurgler Ferners (Abb. 5) vor allem den Vernagtferner beschrieben und in eindrucksvollen Bildern dargestellt. Davon wurde die Abb. 6 ausgewählt. Sie zeigt den zerklüfteten Vernagtferner, der mit dem Zungenende das Rofental absperrt und den See aufstaut. Dieser See ist noch im Jahre 1771 erstmals ausgebrochen, was im Tal große Überflutungsschäden zur Folge hatte.

---

1   Nicolussi 1990, Tafel 1.
2   Anich/Hueber 1774.

Im Jahre 1802 wurde unter der Leitung von Martin von Molitor der Gurgler Ferner von Jakob Gauermann aufgenommen (Abb. 7). Der See war zum Aufnahmezeitpunkt ausgeflossen. Die zurückgebliebenen Eisschollen geben jedoch ein eindrucksvolles Bild von der damaligen Situation.[3]

Im Jahre danach, 1803, hat der Landschaftsmaler Ferdinand Runk drei eindrucksvolle Bilder vom Gurgler Ferner hergestellt, wobei vor allem das Halbpanorama von einem Standpunkt in der Nähe der heutigen Langtalereck-Hütte hervorzuheben ist (Abb. 8–10).[4] Es zeigt den Gletscherstand knapp vor dem Vorstoß von 1812. Damit ist die Ausdehnung des Gurgler Ferners vor dem Maximalstand des Gletschers in der 1. Hälfte des 19. Jahrhunderts festgehalten, der das Ausmaß dieses Vorstoßes bis zum historischen Maximalstand um 1855 festzulegen gestattet.[5]

Aus den 1830er Jahren ist von Carl Frommel ein Bild des Gurgler Fernes im Bereich des Sees überliefert (Abb. 11),[6] das jedoch weniger als Gletscherdokument, sondern mehr als Beleg für Anschaulichkeit und Verwertbarkeit der Lithographie in der Landschaftsdarstellung diente, indem das Gletschertor des Seeabflusses durch die Art der Darstellung hervorgehoben wurde.

Die zweifellos beste und auch künstlerisch wertvollste Darstellung der Ötztaler Gletscher ist Thomas Ender zu danken. Er hat im Auftrag von Erzherzog Johann auf seiner Malreise durch das Ötztal im Jahre 1844 Gletscherbilder mit höchster Genauigkeit geschaffen, die den Zustand und die Ausdehnung in diesem Jahr zeigen. Dazu hat er ein Tagebuch geführt und entsprechend berichtet, sodass die Aufnahmen präzise datiert sind.

Am Weg durch das Ötztal hat Thomas Ender zuerst den Sulztal- und Bockkogelferner aufgesucht. Das Zungenende des Sulztalferners bricht steil und zerklüftet ab und zeigt damit eindeutig Vorstoßtendenz an (Abb. 12). Eine schattenverdunkelte Moräne dahinter weist auf einen höheren und weiterreichenden Gletscherstand hin. Der seitlich zufließende Bockkogelferner endet in den Felsen der Steilstufe und lässt auf beiden

---

3   Egg 1984.
4   Patzelt 2017, Abb. 57.
5   Matsche-von Wicht 1999.
6   Steinitzer 1924.

Seiten eine frische, noch unbewachsene Seitenmoräne erkennen. Der Gletscher zeigt jedoch Wachstumstendenz, wie die aufgeschobene Moräne in der Bildmitte erkennen lässt. Zehn Jahre später, um 1850, hat er die Moräne des Sulztalferners erreicht und beide Gletscher bilden ein gemeinsames Zungenende.

Ein hervorragendes Gletscherbild ist im Jahre 1844 vom Vernagtferner entstanden (Abb. 13). Die aufgewölbte Gletscherzunge befindet sich im Vorstoß. Sie erreicht noch im selben Jahr die 760 m entfernte Haupttalsohle und staut die Rofentaler Ache zu einem See auf, der mehrfach ausbricht und Hochflutschäden im ganzen Tal verursacht. In Innsbruck ist der Inn infolge des ersten Ausbruches im Jahre 1844 um 2 Fuß (61 cm) angestiegen und hat Stadtteile überschwemmt.[7]

Im gleichen Jahr (1844) hat Thomas Ender vom Rotmoosferner ein Bild erzeugt, das das steil aufgewölbte Zungenende nahe an seinem historischen Maximalstand zeigt (Abb. 14). Die Rotmoosache umfließt auf diesem Bild das Rotmoos ganz an der linken Talflanke. Anschließend ist Thomas Ender taleinwärts zum Gurgler Ferner gegangen und hat den Gletscher und den von ihm gestauten Eissee aufgenommen (Abb. 15). Die mächtig entwickelte Gletscherzunge staut den Abfluss des von Südwesten zufließenden Seitentales. Auf dem See schwimmen abgebrochene Eisschollen und bedecken die Seeoberfläche. In Bildmitte ist eine eisfreie, von abgebrochenen Eismassen umgebene Fläche eingetragen. Das Bild lässt erkennen, dass der Seespiegel gegenüber einem kurz vorher erreichten Hochstand eingesunken ist.

Den Eissee hat Thomas Ender nochmals mit der Gletscherzunge des Langtaler Ferners dargestellt (Abb. 16). Die gestrandeten Eisblöcke im Vordergrund bestätigen die von Abb. 15 abgeleitete Aussage von dem kurz vorher erreichten höheren Gletscherstand.

Auf seiner Reise zum Vernagtferner, die F. Liebener am 13. Juni 1845 gemeinsam mit M. Stotter unternahm, hat er den Zustand des Gletschers in vier Bleistiftzeichnungen sehr genau festgehalten (Abb. 17–20).[8] Die erste dieser Abbildungen zeigt den Glet-

---

7   Sonklar 1860, 155.
8   Stotter 1846.

scher in hoch aufgewölbten Zustand aus dem Firngebiet vorstoßend (Abb. 17). In der nächsten Abbildung ist dieser von einem tiefer gelegenen Standpunkt aufgenommen und stellt das stark zerklüftete Ende des Gletschers dar, dem durch eine Mittelmoräne getrennt von rechts der Guslarferner zufließt (Abb. 18). Der Gletscher hat die Zwerchwand erreicht und den See im Haupttal aufgestaut. Das stark zerklüftete Zungenende ist an der Zwerchwand aufgeschoben und rückt mit steiler Stirn ins Rofental vor (Abb. 19 und Abb. 20).

In dieser Zeit ist das Bild des Gurgler Ferners (Abb. 21) entstanden, das den Gletscher im Zeitraum seines Höchststandes zeigt. Für dieses Bild ist kein Entstehungsdatum überliefert, ein solches kann nur aus der dargestellten Situation abgeschätzt werden. Es ist dafür eine Zeit um 1855/60 anzunehmen. Die Abbildung ist der Sammlung von Hans Jäger entnommen, der diese Schwarzweiß-Kopie aus der Galerie von Dieter Tausch (Innsbruck) erworben hat. Das Original-Aquarell ist nicht überliefert, der Standort in unmittelbarer Nähe der heutigen Langtalereck-Hütte kann aber aus dem Gewässer im Vordergrund abgeleitet werden.

Ein weiteres nicht datiertes Bild vom Gurgler Ferner ist in der Sammlung von Erzherzog Johann[9] vom Bildautor W. Lehmann erhalten (Abb. 22). Es zeigt die gestrandeten Eisschollen im weitgehend ausgeflossenen Eissee in einer sehr reizvollen Darstellung.

Im Jahre 1852 wurde der Gurgler Ferner mit steil aufragender Eisfront (Abb. 23) von Karl Friedrich Würthle aufgenommen sowie noch im gleichen Jahr im Album von J. Lentner[10] publiziert. Der Gletscher und der Eissee sind hier in der größten Ausdehnung des 19. Jahrhunderts dargestellt.

Einen guten Überblick über die Situation gibt die im selben Jahr 1852 aufgenommene Ansicht des Tales von Friedrich Simony, die als SW-Zeichnung im Jahre 1863 in einem Halbpanorama publiziert wurde.[11] Die hier gezeigte Farbwiedergabe ist nicht veröffentlicht und nur im Archiv einzusehen. In dem Ausschnitt des Archivbildes

---

9   Franz Meran, Bad Aussee.
10 Lentner 1852.
11 Simony 1863.

(Abb. 24) sind die Zungen der drei Hauptgletscher des Tales wiedergegeben. Im Begleittext zur gedruckten Ausgabe[12] wird im Jahre 1852 nach der Wachstumsperiode in der ersten Hälfte des 19. Jahrhunderts bereits von einem deutlichen Einsinken und Zurückschmelzen der Gletscherzunge berichtet.

Mit der Abb. 25 von Anton Ziegler aus dem Jahre 1865 ist bereits der beginnende Zerfall des Gletscherzungenendes festgehalten, der sich rasch fortsetzt. Anton Sattler hat als Vorlage für das Eisseebild von Anton von Ruthner (1869) die Situation in einem Halbpanorama im Herbst 1867 aufgenommen (Abb. 26). In diesem Bild sind die ehemalige Seespiegelhöhe des Eissees mit gestrandeten Eisblöcken und das Seeende im Langtal, das nicht mehr bis zum Langtaler Ferner zurückreicht, dargestellt. Es zeigt den bereits ausgeprägten Rückgang des Gletschers. Im Bild von Anton von Ruthner (Abb. 27), das im selben Jahr erschienen ist, ist der rechte Bildrand beschnitten und der ehemalige Eisrand unter dem Schwärzenkamm nicht erkennbar dargestellt. Es ist damit als Gletscherdokument entwertet.

Im Jahr darauf (1868) wurde der Gurgler Ferner von William England (London) erstmals photographisch aufgenommen und damit über die Landesgrenzen hinausreichend bekannt gemacht (Abb. 28). Seither ist die Photographie das vorherrschende Medium für Gletscherdarstellungen im Ötztal. Von Ernest Lamy (Paris) wurde die erste Stereoaufnahme mit Eisschollen und dem Rest des Eissees im Jahre 1869 vorgelegt (Abb. 29). Der Eissee war damit für den Tourismus zur Attraktion geworden und wurde entsprechend zunehmend aufgesucht. Im Jahre 1873 wurde der See mit dem bereits zurückschmelzenden Gletscher von Bernhard Johannes aus Partenkirchen (Bayern) aufgenommen (Abb. 30), noch bevor er nach Meran übersiedelte.

Die Photographie von Gustav Jägermayer (Abb. 31), die er im Auftrag der Firma Würthle & Sohn im Jahre 1884 machte, ist am gleichen Standort entstanden, auf dem 16 Jahre vorher William England das Bild vom Gurgler Ferner belichtet hat. Die Gletscheroberfläche war in dieser Zeit schon deutlich eingesunken. Der Stausee war ausgelaufen und die Situation wurde nicht mehr als Besonderheit empfunden. Für den Tourismus war dieser Zustand nur mehr von geringer Bedeutung.

---

12 Simony 1863, 21.

Der Vernagtferner wurde mit dem Zusammenfluss des Guslarferners im Jahre 1883 von Eduard Richter gezeichnet (Abb. 32). Das Bild ist nicht veröffentlicht worden, da im Jahre 1885 Theodore Compton den Gletscher nach einer Photographie für die Alpenvereinszeitschrift, Jg. 1885, gezeichnet hat und dieses Bild gedruckt wurde (Abb. 33).

Die Zeichnung von Eduard Richter ist jedoch ein Dokument, das die rasche Veränderung am Zungenende der beiden Gletscher erkennen lässt.

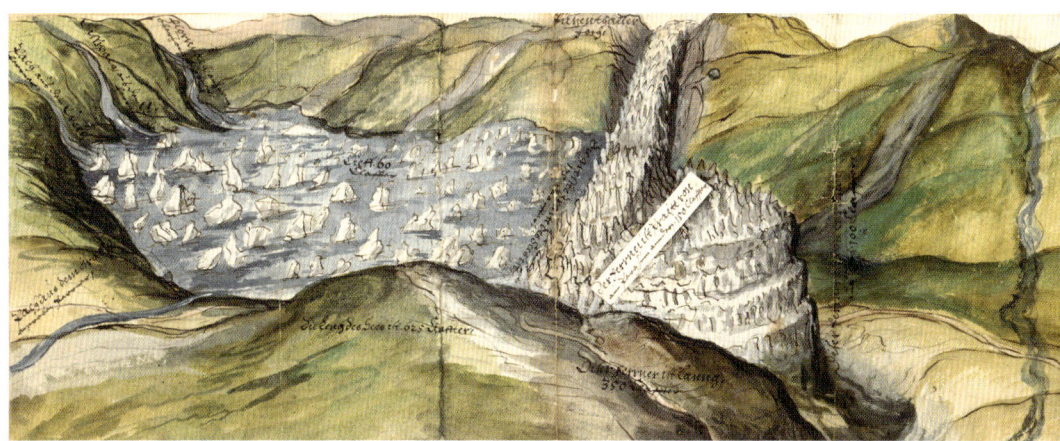

Abb. 1: Der Vernagtferner und der Eisstausee im Rofental im Jahre 1601, nach „anzaigen" des Hofbauschreibers Abraham Jäger angefertigt.

Abb. 2: Der Vernagtferner am 16. Mai 1678. Aquarell von einem namentlich unbekannten Kapuzinerpater.

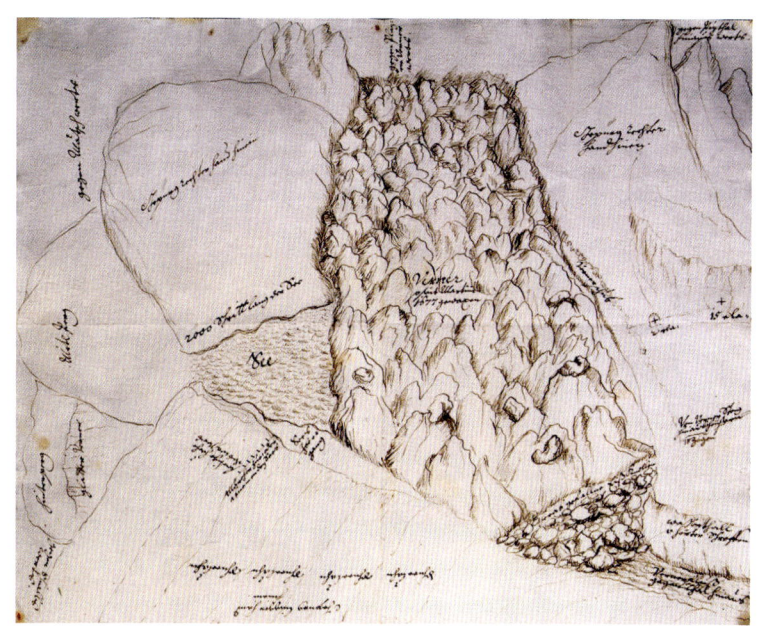

Abb. 3: Der Vernagtferner 29. Mai 1679. Tuschezeichnung von Sebastian Schmuckh.

Abb. 4: Der Vernagtferner am 15. Juli 1681. Aquarellierte Federzeichnung von Martin Gumpp.

Abb. 5: Der Gurgler Ferner mit dem Eisstausee im Jahre 1771. Federzeichnung von Joseph Walcher.

Abb. 6: Der Vernagtferner und der Eisstausee im Jahre 1771. Federzeichnung von Joseph Walcher.

Abb. 7: Der Gurgler Ferner im Jahre 1802. Aquarell von Jakob Gauermann.

Abb. 8: Das Zungenende des Gurgler Ferners im Jahre 1803. Aquarell von Ferdinand Runk.

Abb. 9: Der Gurgler Ferner im mittleren Zungenabschnitt im Jahre 1803. Geländeskizze von Ferdinand Runk.

Abb. 10: Halbpanorama vom Gurgler Ferner (rechts), Eissee (Bildmitte) und Langtaler Ferner (links) im Jahre 1803. Geländeskizze von Ferdinand Runk.

Abb. 11: Der Gurgler Ferner in den 1830er Jahren. Litografie von Carl Frommel.

Abb. 12: Der Bockkogelferner (Bildmitte) und Sulztalferner (rechts unten), 1844. Aquarell von Thomas Ender.

Abb. 13: Der Vernagtferner, 1844. Aquarell von Thomas Ender.

Abb. 14: Der Rotmoosferner, 1844. Aquarell von Thomas Ender.

Abb. 15: Der Gurgler Ferner mit dem Eissee, 1844. Aquarell von Thomas Ender.

Abb. 16: Eisstausee im Langtal und Zungenende des Langtaler Ferners, 1844. Aquarell von Thomas Ender.

Abb. 17: Die aus dem Firngebiet vorstoßende Gletscherzunge des Vernagtferners im Jahre 1845. Zeichnung von Leonhard Liebener.

Abb. 18: Das anwachsende Zungenende des Vernagtferners mit dem zufließenden Guslarferner und der entsprechenden Mittelmoräne im Jahre 1845. Zeichnung von Leonhard Liebener.

Abb. 19: Das bis zur Zwerchwand vorgerückte Zungenende des Vernagtferners mit dem gestauten Eissee im Jahre 1845. Zeichnung von Leonhard Liebener.

Abb. 20: Das Zungenende des Vernagtferners an der Zwerchwand im Jahre 1845. Zeichnung von Leonhard Liebener.

Abb. 21: Der Gurgler Ferner während des neuzeitlichen Höchststandes um 1855/60. Bildautor unbekannt.

Abb. 22: Die gestrandeten Eisschollen und der nahezu vollständig ausgeflossene Eissee im Langtal von Bildautor W. Lehmann.

Abb. 23: Die steil aufgeschobene Eisbarriere des Gurgler Ferners mit dem Eissee während des Maximalstandes, 1852 aufgenommen von Karl Friedrich Würthle.

Abb. 24: Die Gletscherzungen von Vernagt-, Hintereis- und Hochjochferner im Rofental im Jahre 1852. Halbpanorama von Friedrich Simony (Ausschnitt).

Abb. 25: Das zerfallende Zungenende des Gurgler Ferners, 1865. Aquarellierte Bleistiftzeichnung von Anton Ziegler.

Abb. 26: Der Gurgler Ferner (rechts), Eissee (Mitte) und Langtaler Ferner (links), 1867. Halbpanorama von Anton Sattler.

Abb. 27: Der Gurgler Eissee nach dem Halbpanorama von Anton Sattler, in der Veröffentlichung von Anton von Ruthner im Jahre 1869.

Abb. 28: Der Gurgler Ferner mit Seitengletschern am Schalfkogel im Jahre 1868. Photographie von William England (London).

Abb. 29: Eisschollen und Reste des Eissees im Jahre 1869. Stereoaufnahme von Ernest Lamy (Paris).

Abb. 30: Der Gurgler Ferner im Jahre 1873. Photographie von B. Johannes, Partenkirchen.

Abb. 31: Der Gurgler Ferner mit Seitengletschern am Schalfkogel im Jahre 1884. Photographie von Gustav Jägermayer.

Abb. 32: Zungenende des noch zusammenhängenden Vernagt- und Guslarferners mit der ausschmelzenden Mittelmoräne im Jahre 1883. Bleistiftzeichnung von Eduard Richter.

Abb. 33: Vernagt- und Guslarferner mit der Mittelmoräne im Jahre 1884. Nach einer Photographie gezeichnet von Theodore Compton im Jahre 1885.

Oben: Sogenannter Tabular Iceberg in der Wilhelmina Bay (Gerlache Strait), Antarctic Peninsula
Unten: „Blauer Würfel" von Christian Stock, 1989/90z

Der Blick, der Gletscher und das Bild: Kunstwissenschaftliche Notizen

Sybille Moser-Ernst

Bilder nisten sich ins Denken ein.

In der weiteren Folge vermögen sie Vielfältiges auszulösen. Entscheidend ist offenbar, auf welche Disposition oder Einstellung die Bilder treffen. Im Schauspiel der Welt sind wir einmal wahrnehmende und dann auch wieder angeschaute Wesen!

In der ihrer Schönheit wegen gerühmten Wilhelmina Bay in der Peninsula der Antarktis nahm ich eines Abends einen Tabular Iceberg wahr, der mit vergleichsweise großer Geschwindigkeit näher kam. Man belehrte uns, dass 90 % der Masse eines Eisbergs unter Wasser verborgen bleiben, weshalb Schiffe großen Respekt vor ihm haben. Solche und viele andere Gedanken gingen durch den Kopf, dennoch blieb das ästhetische Erlebnis das bestimmende. Und die ästhetische Erfahrung löste Ergriffenheit aus. – Im Nachdenken über meine Aufgabe, für diesen Katalog als Kunsthistorikerin über Eis zu schreiben, begegnete mir – durch Zufall[1] – der Blaue Würfel von Christian Stock.[2] Ich assoziierte mit dem Kunstwerk sofort Eis, ich sah Schürfungen und Brüche. Ob sich der Blaue Würfel mit der Erwartung in der Antarktis verknüpft hat?

---

1 Das heißt, weil ich das Falt-Programm-Blatt des Tiroler Landesmuseums Jänner-April 2023 studierte.
2 Christian Stock, geb. 1961 in Tux, Zillertal, ab dem 14. Lebensjahr Ausbildung als Holz- und Steinbildhauer. Mit 20 Jahren aufgenommen an der Akademie der bildenden Künste Wien (ohne Aufnahmeprüfung) bei Arnulf Rainer. Mit 25 Gruppenausstellung „Junge Szene" Secession Wien. Mit 30 Jahren Verkauf des ersten Bildes an ein Museum, https://www.christianstock.at/?menu=biography.

Das Herrschaftsgebiet des Auges

Die sich verändernde Haltung der Europäer zum Hochgebirge wird von den verschiedenen Disziplinen je verschieden erklärt. – Der unter globalen Aspekten arbeitende Historiker sieht die Notwendigkeit einer wachsenden Bevölkerung, in immer höheren Lagen der Hochtäler und an steilen Berghängen zu siedeln und auf diese Weise neue Formen der Landnutzung zu erkunden.[3] Für das Gebiet der Alpen einzigartig war, dass ein spezielles Interesse von Intellektuellen am Hochgebirge, nämlich in naturkundlicher wie ästhetischer Hinsicht, rasch zur Entwicklung des sogenannten „Alpinismus", einem eher sportlichen Interesse, wechselte.

Die Alpenromantik der Deutschen schlug sich zunächst in Bildern wie beispielsweise eines Carl Friedrich von Rumohr[4] nieder, den wir vor allem als Begründer einer quellenkritischen Kunstgeschichte kennen, der jedoch auch Maler und Schriftsteller war, oder in einer Vielzahl kleiner Ölgemälde wie beispielsweise eines Adalbert Stifter[5], des von Friedrich Nietzsche bis zu Karl Kraus hochgeschätzten Prosakünstlers. Ihre Landschaftsbilder sind meist wie nach einer Schablone gestaltet, das Kompositionsschema – wenngleich mit Versatzstücken von geographischem Wiedererkennungswert versehen – folgt dabei einer langen Tradition des Decorum: Im bühnenhaft abgerückten weitsichtigen Vordergrund wird eine Alpe gezeigt, dazu der sprudelnde Gebirgsbach oder ein stiller Bergsee, als Mittelgrund schiebt sich ein dunkler Waldstreif ein und erst in der Ferne des Hintergrundes wird das eigentliche Motiv, das Gebirge sichtbar, gewöhnlich streng in die Mitte geordnet und von symmetriebildenden Nebenzügen beiderseits begleitet. Der junge Franz Richard Unterberger, später durch seine Amalfi-Ansichten berühmt, schuf in den beginnenden 60er Jahren des 19. Jahrhunderts ein aus drei verschiedenen Talabschnitten zusammengesetztes Idealbild des Ötztals, in strengen Symmetrien; links schiebt sich der Burgstein bei Längenfeld in das Bild, im Hintergrund leuchtet das gleißende Gletscherfeld des Gurgler Ferners in Entsprechung

---

3   Osterhammel 2009, 542.
4   Wasserfall mit Hochgebirge im Hintergrund, 422 x 579 mm, Pinselmalerei in Schwarz und Grau auf Papier, Sammlung Staedel Museum in Frankfurt a. M.
5   Wasserfall im Hochgebirge, 1833, Öl auf Holz, 18,8 × 23,5 cm, http://www.zeno.org/nid/20004312597.

Abb. 1: Franz Richard Unterberger, Ötztal, Öl auf Holz.

zum Weiß der Ötztaler Ache. Er strebte kein Porträt einer Landschaft an, sondern eine überhöhende Steigerung und Komprimierung seiner Natureindrücke ins Allgemeine.

In all die Schönheit des traditionellen Formen-Kanons tritt im Bereich des Gletschers die Spalte, das Reißen der Gletscherdecke. Um den metaphorischen Riss in der Tradition geht es in den nächsten Zeilen.

Das Erhabene

Im 18. Jahrhundert rückte die Ästhetik ins Zentrum der Philosophie, und wir folgen Immanuel Kant, der das *Erhabene* in seiner *Kritik der Urteilskraft*[6] der Kategorie des *Schönen* an die Seite gestellt hat. Jeder Bildungsbürger kennt das „interesselose Wohlge-

---

6   Kant 1996.

fallen", unter welchem die Schönheit zu genießen ist. Sie hält in Distanz und vermittelt dennoch Vergnügen. Das Erhabene hingegen entzieht sich immer wieder einer schlüssigen Formulierung, es bleibt im buchstäblichen Sinn unbestimmt.

Angesichts der „topisch gewordenen These" der Wiederkehr des Erhabenen als Interpretation für Phänomene des 20. Jahrhunderts, insbesondere nach J.-F. Lyotard, ist die Vorsicht des strengen Historisierens unbedingt angebracht. Das Erhabene bildete sich in der Kunst des späten 18. und frühen 19. Jahrhunderts auf der Basis des wissenschaftlichen Interesses an Naturphänomenen.[7] Hier herein fällt auch unser Thema des Hochgebirges und der Gletscher. Der Berliner Kulturtheoretiker Hartmut Böhme bezeichnete *Das Steinerne* und im Besonderen das *Hochgebirge* als das „Menschenfremdeste".[8] Er wollte die eindrucksvollen, doch schwer zu begreifenden Zeilen Immanuel Kants zur Analytik des Erhabenen auf die Reiseliteratur und auf reale Erschließungs-Prozesse der Zeit der Aufklärung bezogen wissen und lesen. Das Hochgebirge, als eine der letzten „terrestrischen Bastionen der Unwegsamkeit", so folgen wir Böhme, habe die (unendliche) Größe der Natur schematisiert.

Unendliche Größe auf Seiten der Natur und das Urteil der Vernunft auf der Seite des Menschen, diese letztendlich beherrschen zu können, dieses waren die Ingredienzien eines neuen Bewusstseins, in welchem wir die Kategorie des Erhabenen verstehen wollen.

In der Balance zwischen dem realen Schrecken und dem Nervenkitzel, diesen zu bezwingen, bewegte sich die menschliche Neugierde der Neuzeit, die in den Jahren um 1800 ihren ersten Höhepunkt erreichte. Meine Aufgabe für diese Zeilen sehe ich im Hinführen unserer Aufmerksamkeit zur bildhaften Vermittlung eines beinahe unstillbaren Begehrens des Menschen. Wieder erleichtere ich den Einstieg in das Denken über meine unmittelbaren Bilder der Antarktis. Als Kant von *der Erhabenheit* handelte, konnte er noch keine Vorstellung von den tatsächlich letzten Bastionen der Unwegsamkeit, wie es die Gegenden der Antarktis darstellen, haben. Es sollte noch etwa 100 Jahre dauern, ehe Ernest Shackleton bis kurz vor den Südpol vorstieß. Wohl wusste man seit

---

7   Busch 2005, 84.
8   Böhme 1989, 124.

langem von dem riesigen Kontinent im Eis. Seit dem 16. Jh. war diese Terra Australis in alten Karten eingetragen, doch die großen Gefahren waren nicht auf See, sondern in den Unwegsamkeiten des Eises gegeben. Diese stellen sich dadurch her, dass hier immense Massen in steter Bewegung nach unten sind. In diesem Bewegungsfluss ist der Mensch dem Unvorhersehbaren ausgeliefert.

Abb. 2: Admiralty Bay, King George Island (South Shetland Islands), Antarctic Islands in the Drake Passage.

Abb. 3: Thomas Ender, Der Fernak-Ferner bei Fend, im Hintergrunde des Ötzthales, 1844.

Das Geschiebe im Hochgletscher unserer Alpen ist dem im ewigen Eis der Antarktis analog zu denken.

Thomas Ender, im europäischen Kanon der Landschaftsauffassung der Franzosen des 17. Jh. (Claude Lorrain) ausgebildet und andererseits im Realismus der Niederländer (Jacob van Ruisdael) geschult, wurde Kammermaler im Dienst von Erzherzog Johann, für den er Salzburger und Tiroler Landschaften malte. Seine Beobachtungsgabe und hervorragende Pinselfertigkeit (Aquarell!) im Darstellen von Strukturen vermittelt uns über das Bild deutlicher, als es jede Fotografie vermögen könnte, ein gleichsam Mit-Erleben des Gletschervorstoßes. Hier geht es um den Vernagtgletscher. Das Geschehen ist vom Zeichner Leonhard von Liebener noch nahsichtiger herangeholt. Ein Vergleich der beiden Bilder, Ender und von Liebener, verdeutlicht uns gänzlich verschiedene Qualitäten: Enders Beobachtung gilt dem drängenden Wälzen der Massen, dem breiigen Hochstülpen, wie der Gletscher unter der Last des eigenen Gewichts mit einer Bewegungsandeutung nach unten „fließt". Enders Augen-„Objektiv" drängt die landschaftlichen Gegebenheiten und die Wolkenbilder nach hinten und erschafft mit der räumlichen Distanzvermittlung das Gefühl der Erhabenheit. Durch geschicktes

Neuordnen der Proportionen, unter Beibehaltung aller Wahrhaftigkeit der Lokalität, erzeugt er für den Bildbetrachter den Eindruck des Kippens der Wahrnehmung von der *Schönheit* (des „interesselosen Wohlgefallens") zur Lust am *Erhabenen*. Ein ästhetisches Vergnügen wird ausgelöst, das durchaus den Schrecken in sich trägt und diesen doch zugleich bannt. Der Zeichner von Liebener hingegen dokumentiert wie ein Geologe. Ihm geht es um die Abtragungen, welche die Eismassen als Gesteinsbrocken, die durch den Frost vom Grund abgesprengt wurden, mit sich schleppen, bis hin zum Darstellen charakteristischer Formen der sogenannten Ablation.

Abb. 4: Leonhard von Liebener, „Vernagt Gletscher von der Höhe des Plattei-Berges aufgenom[m]en", 13. Juni 1845. Bleistiftzeichnung, 209 x 272 mm. Liebener inspizierte zusammen mit Michael Stotter den vorstoßenden Vernagt- bzw. Guslarferner, hier als Hoch-Vernagt-Ferner bzw. Rofen-thaler Ferner bezeichnet.[9]

---

9   Hohenauer 1969, 79–100.

Wenn wir dem Geologen[10] folgen, so wurden 1842 auch eine „Zerspaltung" des Vernagtferners und damit ein Anstieg seiner Fließgeschwindigkeit bemerkt. Diese Vorstoßdynamik wurde bildhaft durch den hochgewölbten Eiskörper im Spätsommer 1844 deutlich; in genau diesen Wochen muss das Bild Thomas Enders entstanden sein! Maler wie Thomas Ender begaben sich durchaus als Bergsteiger in das Gletschergebiet, die Reisen sind dokumentiert, die Härten geschildert. Die Geschichte des Vernagtferners, seine Hochstandphase in den 40er Jahren, circa 1842 bis 1845, ging ihren Weg. Im Sommer 1845 bildete sich mit dem Erreichen des Rofentales der Eisdamm, daraufhin erfolgte das Aufstauen des Eissees, bis es schließlich zum Ausbruch am 14. Juni 1845 kam. Wie ästhetisches Begehren und Lebenswelt ineinandergriffen, darüber können die Bilder bis zu einem gewissen Grad erzählen; vorausgesetzt, der Künstler hatte Können und der Bildbetrachter hat sehende Augen!

Wir können die Erfahrung des Erhabenen „als eine Form der intellektuellen Selbstbehauptung angesichts des Droh- und Schreckpotentials des in der Natur Wahrgenommenen"[11] interpretieren und damit der Natur den Schrecken anlasten. Die historisierende Methode arbeitet so, sie führt aus einer Vergangenheit der Sagen und Mythen, um Geister und vernichtende Mächte wissend, die von Geistlichen besänftigt werden mussten, herauf in eine scheinbar befreite Gegenwart. Wir hingegen lesen Kant in anderer Weise und erkennen sein Bemühen, die Natur zwar als wirkmächtige Kraft zu beschreiben, als die eigentliche Ursache des Schreckens aber das Gemüt, die Einbildungskraft und das Urteilsvermögen des Menschen auszumachen. Im Gemüt des Betrachters finden die „Effekte" der Natur ihren Boden, auf diesem bildet die Vernunft ihr Urteil, das ist Kants Ästhetik. Die Maler der Renaissance wussten vieles von dem anmaßenden Können des Künstlers, wie die Natur, vielleicht sogar diese überschreitend, Effekte zu schaffen, welche dann Affekte im Betrachter auszulösen vermögen. Sie beschworen die Macht der Bilder. Kant führt dieses Wissen um die Bilder nur weiter und legt uns vor: „Man sieht hieraus auch, dass die wahre Erhabenheit nur im Gemüte des Urteilenden, nicht in dem Naturobjekte, dessen Beurteilung diese Stimmung desselben

---

10 Für das Nachverfolgen der Hochstandphase und des Ausbruchs des Vernagtferners siehe: Nicolussi 2013, 69–94; hier bes. S. 79, die Abbildungen befinden sich auf S. 80, Abb. 6 (Thomas Ender) und Abb. 7 (Leonhard von Liebener).

11 Busch 2005, 91.

veranlasst, müsse gesucht werden. Wer wollte auch ungestalte Gebirgsmassen in wilder Unordnung über einander getürmt, mit ihren Eispyramiden, oder die düstere tobende See u.s.w. erhaben nennen? Aber das Gemüt fühlt sich in seiner eigenen Beurteilung gehoben."[12] Kant spricht dann von der Einbildungskraft, welche von der „erweiternden Vernunft" angestoßen wird. „Das Gemüt fühlt sich in der Vorstellung des Erhabenen in der Natur bewegt" […]. „Diese Bewegung kann (vornehmlich in ihrem Anfange) mit einer Erschütterung verglichen werden, d. i. mit einem schnellwechselnden Abstoßen und Anziehen eben desselben Objekts. Das Überschwengliche für die Einbildungskraft […] ist gleichsam ein Abgrund, worin sie sich selbst zu verlieren fürchtet." Aber weil es mit der „Gefahr nicht Ernst ist", da wir sie einzuschätzen und sie zu bewältigen glauben, wird „ihr Anblick nur um desto anziehender, je furchtbarer er ist".[13]

Je furchtbarer, desto anziehender!

Die vielleicht bis heute älteste bekannte Ansicht eines Gletschers, eines Eisdammes und eines Eisstausees, mit einem präzisen Datum des Geschehens, 9. Juli 1601, kennen wir in Form einer aquarellierten Federzeichnung, die im Tiroler Landesmuseum Ferdinandeum aufbewahrt liegt. (Siehe Beitrag Patzelt, Abb. 1, S. 43)

Diese später aquarellierte Federzeichnung war offenbar nach den „anzaigen" des Hofbauschreibers Abraham Jäger angefertigt worden, ob durch ihn selbst, ist unklar, aufgrund seiner Tätigkeit könnte er zumindest eine Skizze dazu geliefert haben.[14]

Akkurat ist die Beobachtung des sich Aufbauens des Eisdammes und des Eissees mit den schwimmenden abgebrochenen Eisstücken. – Eine direkte Verbindung zu Josef Marchesani (Gries / Bozen 1866–1942 Innsbruck) an dieser Stelle scheint verwegen. Für sein in pastosen raschen Zügen dargestelltes Gletschermaul mischt er jedoch genau

---

12 Kant 1957, 343.
13 Kant 1957, 348–353. Immanuel Kant geht noch weiter: Der Verstand sei gerufen, in „Kontemplation" zu einem „ganz freien Urteil" zu kommen, also klar zu sehen, um in „Demut" die Wahrnehmung des Abgrundes sublimieren zu können und die Natur ohne Furcht zu beurteilen (§ 28 S. 352 und 353), dann erfahre er Erhabenheit, und darin unterscheide sich „Religion von Superstition"!
14 Meixner/Siegl 2010, 16–17.

jene Palette von Farben, die wir in der Zeichnung des 17. Jahrhunderts gesehen haben und die uns in der Trockenheit eines alpinen Sommers am Ausgang eines Gletschers auch tatsächlich begegnen. Das Gletschermaul kündet von dem sich sammelnden Wasser und von einem inwendigen Geschehen. Es spielt sich so ab, wie es in der Antarktis beobachtet werden kann. Unweit der Forschungsstation Neumayer im gleichnamigen Channel konnte ich das helle Azur eines Schlundes im Eis entdecken und wurde von Experten am Schiff belehrt, dass wir es hier – durch die Farben angezeigt – im Gegesatz zu jahreszeitlichem Geschiebe mit der Ureisplatte zu tun haben. Um das Maul haben sich konzentrisch die Abbruchspalten aufgetan. Die abbrechenden Eisberge treiben im Meer.

Abb. 5: Josef Marchesani, Gletschermaul (Pitztaler Gletscher), Öl auf Leinwand, um 1920–30.

Abb. 6–7: Neumayer Channel im Palmer-Archipel (Antarktis), azurblaues Gletschermaul, treibendes Eis im antarktischen Meer.

Die naturwissenschaftlich wie künstlerisch faszinierenden Formen, die in uns Nachdenken veranlassen, führen mich zur Chromolithografie „Der Gurgler Eissee" von Conrad Grefe aus dem Jahr 1869.

Conrad Grefe war ja selbst Aquarellmaler – in der Tradition oder wir sagen Schule der Wiener Landschaftsmaler, die für Herrschaftshäuser und Schlösser malten, wie Johann Christian Brand, Karl Schütz oder Joseph Mößmer, sie waren hervorragende Kupferstecher, penible Beobachter des Naturvorbildes. Doch diese Generation versuchte, das ungeheure Bilderbedürfnis der zu Geld kommenden Bürgerlichen und kleinen Adeligen durch Reproduktionstechniken zu stillen, und verausgabte sich ganz darin. Basierend auf der Erfindung des Steindrucks von Alois Senefelder (1798) wurden lithographische Verfahren zur Herstellung leistbarer farbiger Druckprodukte ersonnen, so auch die Federpunktmanier, oder die Berliner Manier, bei der bis 12 oder mehr Farben übereinandergedruckt wurden.

Abb. 8: Der Gurgler Eissee, nach der Natur gezeichnet von A. Sattler, Chromolithografie v. Conrad Grefe, 1869.

Grefes Blatt wurde von Anton Sattler (einem Salzburger Juristen, der mit den besten Alpinisten unterwegs war) „nach der Natur gezeichnet" und anschließend von Conrad Grefe in einer Chromolithographie bearbeitet. Eindrucksvoll wird der Gletscher mit in den Vordergrund reichender Gletscherzunge in den Momenten des Abspaltens von Eisbrocken, gleichsam wie ein lebendiges Wesen (zer-)malmend und gefährlich dargestellt. Die Eisbrocken schwimmen in den linken Hintergrund, welcher auch von Eis verschlossen erscheint.

Hierher gehören auch Formation und Farbe der brüchigen Eisdecke in der Lithographie von C. Bollmann (aus Gera). Carl Brizzi, der Beobachter und Zeichner der Formationen, hatte sich im Ötztal und in seinen Höhen offenbar regelrecht niedergelassen und viele Spuren hinterlassen. Doch nur in der Kombination mit dem ganz eigenen, besonderen Buntwert des Blau, welches die Ablation, die Abtragungsformen des Eises für das Erfahren des Gletscherkundigen visualisiert und Spitzen und Spalten simuliert, wurde dieses Blatt zu einer besonderen Kostbarkeit für den Gletscher-Liebhaber.

Abb. 9: Urkund- und Wildspitze, Zeichnung von Carl Brizzi, Lithographie von C. Bollmann.

Diesen gleichsam als Naturwesen verlebendigten Gebilden stehen die perfektionistischen Erzeugnisse des Karl Friedrich Würthle und seiner Nachahmer (in der Jahrhundertmitte) in der Tat als das „Steinerne", wie Hartmut Böhme es formulierte, das „Menschenfremdeste" gegenüber. Wir werden von dem etwa 35 Jahre alten ehrgeizigen Würthle in seinem „Ötztaler Gletscher" (um 1852–55) auf Distanz gehalten, lesen zugleich die regelmäßige Zerklüftung der Eisdecke und werden doch in der Meinung bestärkt, mit den hier Rast nehmenden Jägern im Herrschaftsgebiet unseres Auges in Sicherheit zu verweilen.

Abb. 10: Karl Friedrich Würthle, Der Ötztaler Ferner gesehen vom Gurgl See, u. li.: gez. u. gest. F. Würthle 1852 / 55. – Der Stahlstich (entwickelt in England) ermöglichte hohe Auflagen, er war beständiger als der Kupferstich, doch ohne dessen Tiefe. Von Frommel, der in Paris die Gemälde eines Claude Lorrain und C. Poussin studieren konnte, erschlossen sich Würthle sowohl das Ideal der Landschaftsmalerei wie die perfekte Technik. Großes Werk: „Malerische Ansichten von Süd- und Nordtirol" (1852–55). Diese Ansicht zeigt sich wie gebaute Architektur.

Mit mehr als 140 Jahren zeitlichem Abstand malte Nino Malfatti ein harmonisch gebautes Wildspitz-Panorama (1997), das Ähnlichkeiten mit den Ansichten des Karl Friedrich Würthle hat. Es ist distant, wie es sich für ein Panorama gehört. Wir haben nach den Ausführungen und dem intensiven Anschauen der Bilder gelesen und geschaut und haben zu spüren gelernt, dass hier die Faszination des Unzugänglichen und des Eisigen, das tödlich ausgehen kann, der gefährlichen Überzeugung des Machbaren gewichen ist.

Abb. 11: Nino Malfatti, Wildspitz-Panorama, 1997.

„Vernagtferner vom Punkt F.": 1897, 1899, 1901, Tempera auf Karton, Rudolf Reschreiter

Der Vernagtferner – der Dämon des Ötztales
Katastrophenbewältigung in den Ötztaler Alpen

Franz Jäger

Gletscherschwund als Folge einer Klimaerwärmung ist derzeit in aller Munde. Prognosen gehen davon aus, dass in einigen Dezennien in Tirol kaum mehr Gletscher anzutreffen seien. Die Frage danach, wie und wann die Eisberge in Tirol und den Alpen überhaupt angewachsen sind, führt zurück in die sogenannte „Kleine Eiszeit", die mit ihren Auswirkungen für die Zeit von 1550 bis 1850 datiert wird. Der Terminus der „Kleinen Eiszeit" geht zurück auf den amerikanischen Glaziologen François Matthes (1875–1949) und hat sich seit den 1930er Jahren durchgesetzt.[1] Allerdings werden Beginn und Ende der Kleinen Eiszeit unterschiedlich definiert: Der Beginn wird je nach Autor im Zeitraum zwischen 1300 und 1550 festgelegt, wogegen das Ende eher einheitlich zwischen 1850 und 1888/1895 angenommen wird.[2] Gernot Patzelt hingegen hielt die Bezeichnung „Gletscherhochstandsphase der Neuzeit" für sinnvoller.[3] Dieser Kaltphase[4] entsprach eine markante Abkühlung der gesamten nördlichen Hemisphäre im Jahresdurchschnitt um 1,5 bis 2 Grad Celsius.[5] In diesem Beitrag wird der nach wie vor übliche Begriff der Kleinen Eiszeit beibehalten und in Anlehnung an Glaziologen auf den Zeitraum von 1550 bis 1850 angewendet.

Die Kaltphase führte in den Alpen zu einer drastischen Zunahme des Eisvolumens der Gletscher, das Anwachsen förderte den Vorstoß in den Lebensraum der Bergbewohner. Wir konzentrieren uns in diesem Aufsatz auf die Situation im Raum der Ötztaler

---

1 Vgl. Behringer 2009, 119.
2 Vgl. Jäger 2010, 31.
3 Vgl. Patzelt 1980, 16.
4 Vgl. Pfister 1988a und 1988b.
5 Vgl. Glaser 2007, 768.

Alpen, wo sich vor allem Gurgler und Vernagtferner in den unmittelbaren Lebensraum der bewohnten Ortschaften ausgebreitet haben. Sie verriegelten mit ihren Eismassen das Rofental im Hinterland von Vent bzw. das Tal um Gurgl. Als massive Eisbarrieren stauten sie die nachfließenden Bäche zu riesigen Eisseen, die in gewissen Abständen ausbrachen und das gesamte Ötztal verwüsteten. Die Wasserschäden waren dramatisch und teilweise noch in Innsbruck spürbar.

Diese Naturereignisse versetzten die Bewohner des hinteren Ötztales in Angst und Schrecken. Sie verschärften das karge Leben der Menschen in einer wegen Kälte und geringem Ertrag ohnehin rauen und wilden Umgebung.[6] Jesuitenmissionare merkten im Jahre 1719 über die Gegend von Sölden an: „Man könne sich nicht genug über das Leben dieser Menschen wundern, sie seien fast das ganze Jahr unter dichtem Schnee begraben, nähren sich von einigen Stücken Käse und Brot bei schwerer Arbeit und rauher Luft, denn die Missionäre fanden es hier im Juli so kalt wie anderswo kaum im Jänner."[7] Nicht umsonst bezeichnete ein Autor die Gletscher als „wahre Geißel der betroffenen Hochthäler"[8]. Speziell der Vernagtferner ist zum „Schrecken des Oetzthales und selbst des Innthales geworden"[9]. Trotzdem verlangten die Gletschervorstöße als bisher unbekannte Naturgewalten von den Bergbewohnern Strategien, um in ihrer hochalpinen Umgebung überleben zu können. Diesen wollen wir abseits glaziologischer Aspekte nachspüren.[10]

---

[6] Vgl. Stolz 1927, 25.
[7] Vgl. Stolz 1927, 27.
[8] Vgl. Gwercher 1886, 19.
[9] Vgl. Gwercher 1886, 5.
[10] Stand unsere Gesellschaft bei Ausbruch der Pandemie vor einer ähnlichen Situation, als ein bisher unbekanntes Virus Europa und die Welt in „Geiselhaft" nahm?

Wahrnehmung der dämonischen Natur

Das Überleben in diesem hochalpinen Umfeld konnte nur *mit der und nicht gegen die Natur* gelingen. Grundlegend war die damals in Klerus und Wissenschaft herrschende Auffassung, dass in der Natur Dämonen als Verkörperung des Bösen wirkten. Häufig kleideten menschliche Vorstellungen Dämonen in sichtbare anthropomorphe oder theriomorphe Gestalten, wie z. B. den Drachen.[11] Der Glaube an das Wirken des Bösen und der Dämonen in der Welt stellte eine „christliche Grundanschauung" dar. Christliche Kirchenväter schrieben alle den Menschen bedrohenden „Gefährdungen wie Krankheit, Tod, Krieg, […] Unwetter und alle denkbaren Arten von Katastrophen dem Wirken böser Dämonen"[12] zu. In dieser „dämonisch durchwirkten Welt erhielten unerklärliche Ereignisse wie Naturkatastrophen […] einen als real betrachteten Verursacher"[13]. Damit erschienen außerhalb physikalischer Gesetzmäßigkeiten liegende Phänomene erklärbar und folglich bekämpfbar. Den bösen Mächten setzte man zur Abwehr unmittelbar drohenden oder künftigen Unheils „wirkmächtige Rituale"[14] entgegen. Mit dem Dämonenglauben in Verbindung stand die menschliche Sicht des ambivalenten Handelns Gottes. Er brachte den Menschen nicht nur Gutes; in Anlehnung an den rächenden Gott im Alten Testament schickte er „als kollektive Strafe für verbreitete Nichteinhaltung der Gebote Dürre, […] Überschwemmungen, und überhaupt Naturkatastrophen, aber auch Kriege und Seuchen". Zu deren Abwehr stellte die Kirche „kollektive Bußrituale"[15] bereit. Religiöse Handlungen hatten somit den Charakter von rituellen Abwehrmaßnahmen gegen das Böse. Die Menschen wurden in ein „dichtes Netz von heiligen Dingen und Handlungen" eingebunden, um ihnen die Lebensbewältigung zu erleichtern.[16]

---

11 Daxelmüller 1995, 4.
12 Hartinger 1992, 6. Vgl. auch Schott 1953, 160 bzw. 242: Anschließend an das Messbuch von Anselm Schott finden sich folgende Passagen: In der Oration um Abwendung von Unwettern wurde vor dem Zweiten Vatikanischen Konzil gebetet, dass die „Geister der Bosheit verjagt werden" (S. 160). Und die Erteilung des Wettersegens lautete folgendermaßen: „Mache mit Deiner starken Hand die dem Menschen stets feindlichen Mächte der Luft zunichte" (S. 242).
13 Daxelmüller 1995, 4.
14 Vgl. Jensen 2007, 6.
15 Jensen 2007, 4.
16 Vgl. Kürzeder 2005, 60.

Gletscherdämonologie

Für die Bergbewohner verkörperten die Eisberge aufgrund verschiedenster Beobachtungen und Erfahrungen das Dämonische. Diese Verbindung lag nahe, da Drachen als anthropomorphe Gestalten dämonischer Wesen galten und als solche das Böse verkörperten.[17] In der Natur versinnbildlicht das Untier „den Kampf mit der feindlichen Umwelt" und ist eine Metapher für die „ungestalte und gefährliche Natur"[18]. In der Bibel symbolisieren Drachen „das Chaos und seine Macht", sie werden mit Satan gleichgesetzt.[19] Deshalb wurde im Juni des Jahres 1644 der Koadjutor des Bischofs von Genf, Charles de Sales, gebeten, „den Gletschern den Teufel auszutreiben", weil ihre Schmelzwässer die Arve zu stauen und das Tal zu überschwemmen drohten.[20] Die Bezeichnung des Vernagtferners im Rofental als „Dämon des Ötztales"[21] und die Interpretation des „dämonischen Lebens"[22] der Gletscher als Lebewesen werden damit verständlich. Die Gletscher, die von „geheimnisvollen Leben beseelt"[23] nach unten drängen – so die Beschreibung –, „stemmen sich [...] wie Tatzen eines riesigen Ungeheuers" an die Wiesenhänge und „verschlang[en] [...] im Vorrücken in den letzten Jahren, von 20 Viehställen 17".[24] Im Saastal (Oberwallis-Schweiz) wurden die Gletscher als Tiere beschrieben, die aus ihren Schlupfwinkeln hervortreten, und: auf „schon manch grüne Wiese, manch angebautes Feld stampft ihr trotziger Fuß"[25]. Johann Georg Kohl glaubte „in diesen Drachen eine Personifizierung oder, wenn man lieber will, eine Animalisierung der furchtbaren Lawinen, Schlamm- und Steingüsse, wie sie in den Alpen so häufig sind, zu erkennen"[26]. Nach Michael Stotter hatten die Bewohner des Rofentales eine ähn-

---

17 Vgl. Daxelmüller 1995, 4.
18 Brückner 1999, 1344.
19 Niehr 1995, 358.
20 Wagnon 2008, 13.
21 Srbik 1939, 39.
22 Roßmäßler 1863, 63.
23 Kohl 1851, 105: Der Autor vergleicht das Werden und Vergehen der Gletscher mit dem menschlichen Leben.
24 Engelhardt 1840, 191.
25 Ruppen 1851, 8.
26 Kohl 1851, 323.

liche Erklärung für „das geheimnißvolle Treiben dieser Eisberge"[27]. Dieses Denkgebilde unterstreicht das persönliche Erleben des Pfarrprovisors Franz Arnold: Er beschrieb das „unablässige Geheul, das dem Ferner entsteigt", im Winter um das Zwanzigfache stärker als im Sommer. „Das Einstürzen von hohen Eisthürmen während dem, Kanonendonner ähnlich, bald zuhöchst, bald zutiefst Geknall hörbar wird, bringt unwillkürlich zu dem Gedanken, als ob Gespenster und Kobolde hier eine höllische Arena hätten, auf der sie sich um einen unbekannten Siegespreis raufen würden."[28]

Von der Lebendigkeit des drachenartigen Gletschers zeugt eine Sage vom Niederjoch am Übergang vom Niedertal nach Schnals. Ein junger Bauer auf den Rofenhöfen sollte im Schnalstal eine Magd ausfindig machen, als ihn am Niederjoch ein Unwetter überraschte. Aus Furcht wollte er umkehren, als ein Eismandl erschien und sagte: „Fürchte dich nicht, doch halt dein Wort, denn im Eis gibt es Rächer." Das Unwetter verzog, der Bauer fand in Schnals eine Magd, in die er sich auf dem Rückweg nach Vent verliebte. Am Niederjochferner versprach er ihr Treue und Heirat. Als er neuerlich in Schnals weilte, um Verwandte zur Beerdigung seines Vaters zu laden, lernte er eine reiche Bauerntochter kennen, die er heiratete. Als die verlassene Magd davon erfuhr, wollte sie traurig über das Niederjoch in ihre Heimat zurückkehren. Dort traf sie mit dem jungen Brautpaar zusammen, machte dem Bräutigam Vorwürfe wegen seines Treuebruches. Als er ihr zu verstehen gab, dass ihm nie ernst gewesen sei, hüllte „dichter Nebel das Brautpaar ein, der Ferner öffnete sich und verschlang den Wortbrüchigen samt seinem Weib".[29]

Gletscher als Jenseitsort

Johann Georg Kohl bestaunte die Klarheit und Reinheit des Gletschereises, „der Gletscher dulde keinen Schmuz und keine Steine, er gebe Alles wieder von sich". Es war für ihn ein Rätsel, „wie aus zum Theil sehr schmuzigen und mit allerlei Material geschwän-

---

27 Stotter 1846, 29.
28 Kais. Kön. priv. Bothe von und für Tirol und Vorarlberg, Nr. 19, Innsbruck, 5. März 1846, 76.
29 Winkler 2000, 314.

gerten Schnee- und Wasserelementen eine solche Eismasse hervorgehen könne, die so klar und transparent ist wie Krystall und Diamant".[30] Die Kälte des Gletschereises wurde zum Symbol für absolute Erstarrung und des Todes.[31] Beide Attribute, Reinigung und Todeskälte, veranlassten die Bergbewohner zur Annahme, dass die Gletscher für Verstorbene Orte des Büßens sind. Dazu glaubten sie im Krachen des Eises und Gurgeln des Wassers in den Tiefen der Eisspalten das Stöhnen der armen Seelen zu vernehmen.[32] Schon Dante Alighieri (1265–1321) lokalisierte in seiner „Divina Commedia" im untersten Kreis des Infernos Kälte und Eis. Dort bringt Luzifer in der Mitte des Eises alles Leben zum Erliegen. Hier büßen Sünder, in das Eis eingefroren, ihre detailliert beschriebenen Vergehen.[33] Die dämonische Welt des ewigen Eises ist an die Stelle des von der Kirche gelehrten Fegefeuers getreten und beweist die Angst der Bergbewohner vor den unheimlich wirkenden Gletschern. Manche Seelen leiden nicht in den Flammen des Fegefeuers, „sondern müssen die kalte Pein droben im Gletschereis erdulden".[34] In diesem Zusammenhang werden Entstehung, Fluss, Reinigung und Ankunft der Gletscher in den Tälern mit dem Gang des menschlichen Lebens verglichen.[35]

Sagen im Alpenraum handeln von den Gletschern als Aufenthaltsorte der armen Seelen, die dort eingefroren büßen und auf ihre Erlösung warten: Ein frommer Pater und Professor betrat mit seinen Schülern einst den Aletschgletscher. Da machte er plötzlich Halt und wollte auch den Schülern den Weiterweg verwehren. Auf die Frage nach dem Grund gab er zur Antwort: „Wenn ihr wüßtet was ich weiß und sehen könntet was ich sehe, so würdet ihr gewiß keinen Schritt mehr vorwärts thun." Halblaut erklärte er den Schülern, dass der Gletscher „voll armer Seelen" ist. Der Professor zeigte einem ungläubigen Schüler, wie aus den blauen Gletscherspalten „so viele Köpfe armer Seelen emportauchen, daß man keinen Fuß hätte dazwischen setzen können"[36].

---

30 Kohl 1851, 92 f.
31 Vgl. Fröhling 2005, 35.
32 Arnold 1974, 32.
33 Fröhling 2005, 50.
34 Wopfner 1995, 96.
35 Kohl 1851, 106.
36 Vgl. u. a. Tscheinen 1872, 13 u. 26 f.

Deutung und Erklärung des Anwachsens von Gletschern

Sagen

Rückblickend müssen Gletschervorstöße in den Lebensraum der Bergbewohner einschneidende Erlebnisse gewesen sein. Joseph Walcher konnte z. B. selbst mitansehen, wie der Rofner Eissee „einen großen Theil jener weitschichtigen Viehweiden [ein]nimmt, welche vormals das ganze Thal ausgefüllt hatten"[37]. Schon damals suchte man nach Erklärungen für diese bislang unbekannten Naturphänomene. Die Wissenschaft hatte noch nicht den notwendigen Standard erreicht, die Bewohner fanden in straftheologischen Überlegungen ihre Deutungen und kleideten ihre Erklärungen in Sagen. Unter den Begriffen ‚Übergossene Alm', ‚Verfluchte Alm' oder ‚Blümlisalp' ist der Kern dieser Erzählungen im gesamten Alpenraum anzutreffen, er bildet als „Blümlisalpsage" einen eigenen Erzähltypus.

Die Entstehung des Gurgler Ferners im Ötztal ist dieser Kategorie zuzuordnen. Wo sich dieser jetzt ausdehnt, lag einst eine „fruchtbare, blühende Gegend mit einer schönen Stadt" namens Tanneneh. Die Leute dort waren sehr reich, aßen mit silbernen Löffeln und Gabeln aus goldenen Tellern. Hartherzigkeit und Geiz wurden ihnen zum Verhängnis, als sie einen Bettler abwiesen und mit den goldenen Stöcken aus der Stadt trieben. Da war eine Stimme zu hören: „Tanneneh, Tanneneh, 's macht an Schnee und apert nimmermeh!" Es hörte darauf tatsächlich nicht mehr auf zu schneien, bis die reiche Stadt „samt ihren hartherzigen, gottlosen Bewohnern tief unter einem Ferner begraben lag"[38].

---

[37] Walcher 1773, 13; Stotter 1846, 17; Hutter 1995, 32 f.

[38] Falkner 1963, 129. – Einen ähnlichen Inhalt vermitteln in anderen Regionen Erzählungen vom goldenen Zeitalter. Es war gekennzeichnet von idealen sozialen Verhältnissen, die Lebensbedürfnisse wurden von der Natur erfüllt, Kriege, Laster und Verbrechen kannte diese Zeit nicht. Mit zunehmendem moralischem Verfall häuften sich Besitzgier, Machtbedürfnisse und verschlechterten die Lebensbedingungen, sie beendeten eine paradiesische Zeit. Siehe http://de.wikipedia.org/wiki/Goldenes_Zeialter [abgerufen am 9.10.2022]. – Siehe auch: Die Genesis (Gen 6, 5–7) berichtet, „daß auf der Erde die Schlechtigkeit des Menschen zunahm und daß alles Sinnen und Trachten seines Herzens böse war". Daraufhin wollte der Herr „den Menschen [...] vom Erdboden vertilgen, mit ihm auch das Vieh, die Kriechtiere und die Vögel des Himmels".

Der Kern der Erzählung ist in Frevelsagen immer derselbe, wenn auch die äußere Form der Begebenheit variiert. Der Verletzung von allgemein gültigen Werten, wie Besitz, Achtung von Eltern, Achtung gegenüber den Armen usw. folgen Strafen. Sie werden entweder vom Himmel geschickt oder von den Geschmähten herbeigewünscht. Max Lüthi deutete die ‚Blümlisalpsage' auch als Warnsage, denn die Strafe für Vergehen folgt auf dem Fuß, der Schwache gewinnt letztlich die Oberhand gegenüber dem Besitzenden und dem vermeintlich Stärkeren.[39] Die Blümlisalpsagen eröffnen zudem „Kontraste", weshalb Lüthi den Terminus „Kontrastsage"[40] prägte: An die „Stelle üppigen Lebens tritt schlagartig Verwüstung, Vereisung, Tod". Der Verachtung der alten Mutter steht die Vergötzung der Geliebten gegenüber, Eis überzieht blühende Almen. Gletscher entsprechen der Kälte und Hartherzigkeit der Sünder. Als Kontrast trifft „Menschenschicksal auf Landschaftsschicksal"[41]. Dies bedeutet: Die Schuld am Verlust paradiesischer Zustände liegt in „menschlich-unmenschlichem Verhalten. […] Der Mensch als solcher ist ständig in Gefahr, zum Unmenschen zu werden, er schädigt oder zerstört dabei sich selber und die Umwelt." So wird die Sage zur Warnung des Menschen vor sich selbst und den Folgen, die es nach sich zieht, wenn er die Verantwortung „für die Welt, in der er lebt und von der er lebt", nicht wahrnimmt.[42]

Hexerei – Aberglaube – Vorweilung

In den Chroniken finden sich keine Hinweise auf Hexenzauber oder Aberglaube. Allerdings berichten Autoren wie Stotter von einem Hexer, der den gleichzeitigen Ausbruch des Vernagt-Eissees und die Verwüstung Längenfelds durch den Fischbach am 17. Juli 1678 verursacht habe. In einer Anmerkung führt er aus, dass ein herumziehender Bursche in Armelen mit der „Bewirthung wenig zufrieden" war und deshalb mit Unglück drohte. Ihm wurde die Herbeirufung der Katastrophe zugeschrieben, als Hexenmeister

---

39 Lüthi 1980, 232.
40 Lüthi 1980, 233.
41 Lüthi 1980, 233.
42 Lüthi 1980, 234. – Eine andere Deutung bei Isler 1971, 114 ff.

wurde er in Meran festgenommen und verbrannt.[43] Diesen Beitrag übernimmt Adolf Hueber in ähnlicher Wortwahl.[44] Adolf Pichler, ein Freund des Kuraten von Gurgl Adolf Trientl, spricht den Ötztalern eine Anlage zu einem von der Umwelt geprägten Aberglauben zu. „Bei älteren Leuten spielen die Hexen noch immer eine große Rolle und Geister spuken überall." Bei einem Besuch bei seinem Freund Trientl spricht Pichler das „doppelte Gesicht" an, „dessen im Ötztal manche Personen teilhaftig sein sollen", sie sprechen von „Vorweilung". Den betreffenden Personen ist ein Blick in die Zukunft eigen oder sie erkennen ein bevorstehendes Unglück. Pichler führt dazu einige Beispiele an, denn auch die Mutter des Kuraten hatte diese Fähigkeit.[45]

Straftheologische Erklärungen

Neben den mit christlichem Gedankengut angereicherten Sagen sahen die Bewohner in den dramatischen Naturereignissen das Straf-Wirken Gottes für menschliches sündhaftes Verhalten. In den Chroniken nahmen die Schreiber immer wieder darauf Bezug. Bußhandlungen, wie Wallfahrten, Bittprozessionen, verlobte Feiertage und Gelöbnisse sollten den Zorn des strafenden Gottes besänftigen und seine Hilfe erbitten. Das schriftliche „Fischbachgelöbnis" der Gemeinde Längenfeld vom 27. Juli 1702[46] kann als Beispiel für diese Denkweise analysiert werden. Ein Ausbruch des Vernagt-Eissees im Jahre 1678 traf mit einer Vermurung Längenfelds durch den Fischbach aus dem Sulztal zusammen, die Folgen für den Ort waren katastrophal. Wiederholte Überschwemmungen in den Folgejahren veranlassten die Ortsgemeinschaft im Jahre 1702 in einem Gelöbnis Buße zu versprechen, um Gottes Hilfe zur Abwehr weiterer Überschwemmungen zu erwirken.

Das „Fischbachgelöbnis" ist – wie Gelöbnisse in anderen Orten – nicht der Vergangenheit geopfert, es hat in der Gemeinde Längenfeld noch immer Aktualität. Seit den 1960er Jahren hatte der Ort immer wieder mit ‚Eskapaden' des Fischbaches zu kämpfen,

---

43 Stotter 1846, 20.
44 Hueber 1906, 13.
45 Pichler o. J., 307 f.
46 Fischbachgelöbnis, 27. Juli 1702, Pfarrarchiv Längenfeld, Urkunde Nr. 13.

weshalb die Bevölkerung von der Gemeindeführung eine Reaktivierung des Votums verlangte. Die Zuständigkeit der Gemeinde entspricht dem Ursprung, damals gelobte die Dorfgemeinschaft, ohne von kirchlicher Obrigkeit beauftragt zu sein. Allerdings zwangen geänderte Verhältnisse und neue Dorfstrukturen das Gelöbnis der Gegenwart anzupassen. Mehrfache Änderungen (zuletzt 1989), die jeweils von den Bischöfen Tirols bewilligt wurden, festigten die Kontinuität eines über 300 Jahre alten Versprechens.[47] Das Votum weist zwei Kernaussagen auf: Eigene Anstrengungen werden in der Katastrophe nicht suspendiert, die Dorfgemeinschaft nimmt die Schuld gemeinsam ohne Sündenbocksuche auf sich.

Frömmigkeitspraktiken

Die religiöse Sicht einer von Dämonen geprägten Natur in Verbindung mit einer straftheologischen Deutung der Gletschervorstöße bestimmte die religiösen Rituale. Gelöbnisse, Bittprozessionen, Wallfahrten, Segnungen, Messfeiern am Ort des Übels usw. gaben den Bewohnern Halt und Vertrauen zur Bewältigung der Bedrohungen. Dabei konnten die Bergbewohner auf ähnliche Rituale zurückgreifen, wie sie von weltlichen Obrigkeiten in Krisenzeiten angewandt und teilweise verordnet wurden. Grundlage dafür waren seit dem 16. Jahrhundert Hinweise von Theologen und Predigern beider Religionen, dass Kriege, Seuchen, Hungersnöte sowie die „Türkengefahr" als Strafen Gottes für den „sündhaften Lebenswandel" des Volkes zu sehen sind.[48] So befahl unter Ferdinand II. ein Regierungsmandat, dass an jedem Freitag in allen Pfarrkirchen eine heilige Messe mit „Busspredigt und Procession" zu halten ist, um dadurch Gott zur Abwendung von Krankheit, Krieg und Teuerung zu bewegen. Aus jedem Haus hatte eine Person teilzunehmen, bei Verstoß wurde mit Strafen gedroht.[49] Leopold I. verordnete im Jahre 1683 vor der Türkenbelagerung Wiens die Teilnahme der gesamten Bevölkerung am vierzigstündigen Gebet in den Kirchen Wiens. Während der Türkenkriege

---

47 Ausführliche Beschreibung der jeweiligen Änderungen und die aktuelle Umsetzung siehe: Jäger 2019, 208 f.
48 Winkelbauer 2004, 237.
49 Hirn 1885, 173.

von 1684 bis 1697 ließ der Kaiser die Bevölkerung immer wieder in die Wiener Kirchen zu öffentlichen Dank- und Bittgebeten rufen, wozu jeder bei sonstiger Strafe verpflichtet war.[50]

In Tirol gelobten die Landstände im Jahre 1647 in großer Kriegsgefahr den Bau der Maria-Hilf-Kirche in Innsbruck.[51] Nach der Befreiung Tirols im sogenannten ‚Boarischen Rummel' im Jahre 1703 gelobten die Landstände im Jahre 1704, „das Fest der Unbefleckten Empfängnis im ganzen Land feierlich zu begehen und zum Gedenken an den Abzug der Bayern aus Tirol die ‚Annasäule' […] zu errichten sowie am 26. Juli jedes Jahres dorthin eine Prozession zu organisieren".[52]

In Anbetracht unmittelbarer Bedrohung durch die Heere Napoleons gelobten die Tiroler Landstände im Jahre 1796 das Herz-Jesu-Fest in ganz Tirol alljährlich besonders feierlich zu begehen und erhofften dadurch göttliche Hilfe.[53] Diese Beispiele zeigen einerseits das Entstehen anlassbedingter religiöser Ausdrucksformen im Territorium Tirol (also über Diözesangrenzen hinaus), anderseits die Vorbildwirkung „religionspolitischer Initiativen des weltlichen Regiments im Rahmen der Konfessionalisierung seit dem 16. Jahrhundert".[54]

Der Vernagtferner und seine Vorstöße

Wegen seiner berüchtigten Vorstöße war der Vernagtferner „von jeher ein ganz besonderes Objekt für Gletscherstudien".[55] Mit dem Guslarferner dehnte er sich Mitte des 19. Jahrhunderts über 19 km² aus und gilt als der „historisch bestdokumentierte Gletscher der Ostalpen".[56] Seine Vorstöße in das Rofental hin zur Zwerchwand verursachten einen Anstau der nachfließenden Gewässer zum berüchtigten „Vernagt Eissee", der

---

50 Vgl. Winkelbauer 2004, 238 f.
51 Vgl. Noflatscher 1998, 367.
52 Lechthaler 1970, 110.
53 Vgl. Riedmann 1988, 166.
54 Noflatscher 1998, 367.
55 Steinitzer 1922, 243.
56 Nicolussi 1994, 18.

mehrfach den Eiswall sprengte und mit seinen Wassermassen das ganze Ötztal verwüstete. Mit den ersten Schriften und Berichten darüber aus dem Jahre 1601 wird der Beginn der Gletscherforschung und amtlichen Gletscherbeobachtung datiert.[57] (Auf eine Übersicht zu glaziologischen Daten, Forschungen und zur Entstehungsgeschichte des Vernagtferners wird verwiesen.[58])

Die Vorstoßperiode 1599 bis 1601

Der erste bekannte Vorstoß des Vernagtferners in das Rofental im Jahr 1599 führte im Frühjahr des Folgejahres zum Anstau der Bäche aus dem dahinter liegenden Talbereich. Am 20. Juli verursachte ein folgenschwerer Ausbruch des Eissees einen Schaden von 20.000 Gulden.[59] Johann Kuen[60] schilderte in seiner Chronik, wie die Wassermassen „durch das Oezthall hinaus in Veldern große Schöden gedan, die weg und Strassen Ruiniert, und alle Pruggen hinweg genomben, […] in Kirchspill Längenfeld […] die gieter iberschwembt" haben.[61] Als die Eismassen im Folgejahr um das Sechsfache zunahmen, stieg die Angst vor einem neuerlichen Ausbruch. Der aufgestaute See erreichte eine Länge von 1200 m, eine Breite von 330 m und eine Tiefe von 110 m. Glücklicherweise konnte das Wasser ab Juli 1601 an einer zwischen Zwerchwand und Gletscher gebildeten Kerbe abrinnen, sodass der See im September 1601 dem Ver-

---

57 Vgl. Nicolussi 1990, 98.
58 Zu den Daten und der Entstehungsgeschichte des Vernagtferners siehe unter anderem: Walcher 1773; Zallinger zum Thurn 1779; Stotter 1846; Richter 1892; Finsterwalder 1897; Hueber 1906; Srbik 1939; Nicolussi 2013.
Eine Chronik von Benedikt Kuen aus Längenfeld enthält Aufzeichnungen über Gletschervorstöße und deren Folgen, veröffentlicht in: Kais. Kön. Priv. Bothe für Tirol und Vorarlberg, 9. Mai 1844, 152; ebd., 13. Mai 1844, 160; ebd., 16. Mai 1844, 164. Zum Ausbruch der Vernagt-Eissees um das Jahr 1770 berichtet eine Chronik: Schöpf, Andonig: Aufschreibung des Ferners vom Jahr 1771. In: Bote für Tirol und Vorarlberg, 15. Juni 1867, 685–686.
59 Vgl. Srbik 1939, 40.
60 Johann Kuen aus Längenfeld schrieb im Jahre 1683 diese Chronik nieder, die von seinem Sohn Benedikt fortgesetzt und im Jahre 1725 aufgezeichnet wurde. Das Original ist nicht mehr vorhanden, wohl aber eine Abschrift von Venerand Kuen aus dem Jahre 1826, die seinen Angaben nach originalgetreu ist (vgl. Haid 1970, 115 f.).
61 Die Kuen'sche Ferner-Chronik. In: Bote für Tirol und Vorarlberg, 13. Mai 1867, 531.

schwinden nahe war.[62] Nachdem die staatlichen Behörden beim ersten Ausbruch untätig blieben, erregte der Vernagtferner nun öffentliches Interesse: „Er [bewog] selbst die Landesregierung zur Untersuchung dieser ungewöhnlichen Ereignisse"[63], „man fürchtete auf das lebhafteste einen neuen Ausbruch, ganz Nordtirol wurde alarmiert"[64].

Die Maßnahmen der staatlichen Verwaltung

Verschiedene Berichte dokumentieren das erfolglose Bemühen öffentlicher Stellen, die Folgen des Vorstoßes des Vernagtferners zu beherrschen.[65] Ein Augenschein sollte Klarheit bringen, wie die Ausbrüche kontrolliert werden könnten: Der Hofbauschreiber Abraham Jäger erhielt den Auftrag mit dem Hofzimmermeister Georgen Scheiber und Christian Lindacher, einem Fachmann für Uferschutzbau.[66] Der Hofbaumeister hielt in seinem Bericht vom 11. Juli 1601 fest, dass der Gletscher fruchtbares Alm- und Weideland vereinnahmt hat. Die Maße des Eisberges veranschaulicht der Bericht mit einem Vergleich mit einem „perg, geformiert wie ain große runde paßtey, ungefährlich dem perg Ysel zue Wilthan". Weiters wurde das tägliche Anwachsen „eines manns hoch" angegeben. Die Bäche, die den See auffüllten, stellte er der „Sil zu Insprugg" gleich. Die Eisstücke des Gletschers seien „so gross als das höchste hauss zue Ynsprugg", im See sei eine Menge von Eisschollen geschwommen, „das sey ainer statt gross wol zu vergleichen". Mit Gottes „gnad", so die Hoffnung, möge der See links an der Felswand „nach und nach übergehen und verzören"[67]. Letztlich sieht der Bauschreiber keinen anderen Ausweg, den drohenden Ausbruch abzuwehren, als Gebet und religiöse Handlungen.

Der schriftliche Bericht über die örtliche Situation wurde (vermutlich vom Verfasser Abraham Jäger selbst) mit einer (später aquarellierten) Federzeichnung illustriert[68] und

---

62 Vgl. Finsterwalder 1897, 7.
63 Stotter 1846, 16.
64 Richter 1892, 357.
65 Siehe Jäger 2019, 135 f.
66 Richter 1892, 358.
67 Richter 1892, 361 f.
68 Vgl. Nicolussi 2013, 72. Nach Nicolussi ist diese Darstellung das älteste Bilddokument eines Gletschers (vgl. auch die wissenschaftliche Auswertung der Darstellung in Nicolussi 1993, 98 f.).

von der Regierung am 30. Juli 1601 Kaiser Rudolf II. vorgelegt (siehe Abb. 1 im Beitrag Gletscherbilder aus dem Ötztal, von Gernot und Ilse Patzelt, S. 43).[69]

Die Stadt Innsbruck entsandte aus Sorge Petern Pipele, „mezger, welcher die weg und genge wol waiß", und Martin Grießstetter, einen Erzknappen von Hötting, „der gepürge und ferner wol erfaren", um „zu etwas merer erkundigung"[70] über den Vernagteissee zu kommen. Sie kamen dort am 16. Juli 1601 an, haben „das Eißwerk besichtigt, gar mit henden angriffen"[71]. Sie konnten feststellen, dass mehr Wasser abrinnt als nachfließt und daher kein Seeausbruch mehr zu befürchten sei.[72] Ein weiterer Augenschein durch Hofbauschreiber Jäger und seine fachkundigen Begleiter am 9. September 1601 konnte die Ergebnisse der Kommission aus Innsbruck bestätigen.[73] Der vom vorrückenden Vernagtferner aufgestaute Eissee hat sich somit im Sommer des Jahres 1601 ohne Ausbruch und ohne Schäden allmählich und von selbst entleert.

Ratlosigkeit – Zuflucht zu Gottes Hilfe

Da im Juli 1601 das schadlose Abfließen des Sees noch nicht absehbar war, herrschte Ratlosigkeit, wie die Gefahr eines Seeausbruches zu beherrschen sei. Die Regierung ordnete zwar die „Räumung des Flussbettes, Entfernung gefährlicher Holzmassen von den Ufern und Ausstellung von Wachen"[74] an, für Maßnahmen direkt am Eissee gab es keine brauchbaren Vorschläge. Markgraf von Burgau hatte nach einem Augenschein am Ferner die Idee, „mit Stangen mit scharfen Eisen den Runst linker Hand am Felsen [zu] erweitern und die Eisstücke [zu] zerschlagen."[75] Diese Maßnahme schloss der Hofbauschreiber wegen Gefährdung der Arbeiter aus.[76]

---

69 Richter 1892, 358 f.
70 Vgl. Richter 1892, 359 f.
71 Vgl. Finsterwalder 1897, 7.
72 Richter 1892, 364 f.
73 Richter 1892, 369 f.
74 Richter 1892, 362.
75 Richter 1892, 365.
76 Richter 1892, 370.

Menschliches Bemühen blieb also ohne Erfolg, weshalb man auf die Hilfe Gottes vertraute. Hofbauschreiber Jäger brachte dies in seinem Bericht zum Ausdruck, dass „alle menschliche hilf und arbait durchaus vergebens und umbsonst" sei. Die Regierung informierte in diesem Sinne am 30. Juli 1601 Kaiser Rudolf II., „das nichts anderes, dann allain gott den allmechtigen umb abwendung seiner derenthalb angedroeten straff durch processionen und creuzgenge zu bitten noch überig seie". Der Bericht verwies auch auf Anordnungen, „das aller orten processionen und creuzgenge angestelt" würden. So sei bereits „ein procession von hie in die closterkirch geen Wildau" erfolgt, dort sei „ain predigt hievon" gehalten worden. Kaiser Rudolf II. bestätigte am 9. August den Empfang des Berichtes vom 30. Juli 1601 und „billigt die Anordnung von Prozessionen".[77] Der Gerichtsinhaber von Castelbell kam nach einem Augenschein ebenfalls zum Ergebnis, dass keine menschliche Hilfe und „kain mitel zu erdenken oder zu erhoffen" sei. Zur Abwendung der Gefahr sei vielmehr „got der allmechtige umb soliches ainmiettiglich zu pitten und sich mit andechtigen procession zu versiennen"[78].

So stand die immer drohende Gefahr des vorstoßenden Vernagtferners mit seinen Folgen, von Robert von Srbik als der „Dämon des Ötztales"[79], von Eduard Richter als das „Damoklesschwert über dem ganzen Oetzthal und in geringerem Grade auch über dem Innthale"[80] bezeichnet, der Rat- und Hilflosigkeit der Bewohner und Verantwortlichen gegenüber. In dieser Ausweglosigkeit sollten religiöse Handlungen die Hilfe Gottes erflehen und seine „fürgenommene straff"[81] abwenden.

Die Vorstoßperiode 1676 bis 1683

Sebastian Finsterwalder erschloss aus einzelnen Berichten folgenden Ablauf der Ereignisse: Im Jahre 1676 gab es wieder Kunde über ein Anwachsen des Vernagtferners, bis im Mai 1678 der Eissee wiederum aufstaute. Der See entleerte sich bereits am 24.

---

77 Richter 1892, 365.
78 Richter 1892, 369.
79 Srbik 1939, 39.
80 Richter 1892, 353.
81 Richter 1892, 362.

Mai „unvermuthet mit grossem Geräusch, aber ohne Schaden anzurichten". Ende Juni staute der Eisdamm die Bäche aus dem Hinterland erneut zu einem See mit einer Länge von 1110 m, einer Breite von 300 m und einer Tiefe von 200 m. „Am 16. Juli 1678 erfolgte der Seeausbruch, wohl der schlimmste, den das Ötzthal je erlebt hat. Gleichzeitig gieng aus dem Sulzthal bei Längenfeld eine Muhre nieder und vermehrte die Verwüstung."[82]

Ein neuerlicher Ausbruch im Jahre 1679 blieb ohne Schaden, allerdings war jener am 14. Juni 1680 wiederum verheerend. Im Jahre 1681 staute das Wasser neuerdings, zwölf Männer aus Längenfeld hackten vom 8. bis 10. Juli unter Leitung des Chronisten Johann Kuen einen Abflussgraben in das Eis, der sich durch das abfließende Wasser vertiefte und zu einer schadenlosen Entleerung des Sees führte. In den folgenden Jahren besorgte das überlaufende Wasser „eine allmähliche Vertiefung des Rinnsals und damit eine unschädliche Entleerung des Sees". Ab dem Jahre 1683 blieb man ohne Sorgen, allerdings verschwanden „die letzten Eisreste erst im Jahre 1712 aus dem Rofental"[83].

Maßnahmen der staatlichen Verwaltung

Im Jahre 1781 entsandte die Regierung wiederum eine Kommission zum Vernagtferner, um an Ort und Stelle Maßnahmen zur Bewältigung der Seeausbrüche zu finden. Nach dem Bericht von Johann Paris von Wolfenthurn sollte dem Pflegsverwalter zu Petersberg „gnädigst befehlet werden […] einen tauglichen mann, dem dies ferners eigenschaft und natur bekannt, jeweils zu wetterlicher Zeit" zum Gletscher zu entsenden. Er sollte die Gletscherbewegungen beobachten, damit der Abfluss des Seewassers offen gehalten werden kann.[84] Aus einem weiteren Bericht von Benedikt Kuen geht hervor, dass wöchentlich eine Person zum Gletscher entsandt wurde, um der Obrigkeit über den Zustand von Gletscher und See Auskunft geben zu können. Wenn Gefahr eines baldigen Seeausbruchs bestand, wurde das Gras vorzeitig gemäht, das Vieh auf die

---

82 Finsterwalder 1897, 8.
83 Finsterwalder 1897, 8.
84 Richter 1892, 397.

Almen getrieben „und sonsten sich vorgesehen"[85]. Obrigkeit und Mitbürger beschworen den Gemeinschaftssinn, es sollten „nicht beschädigte mitnachpauern" mithelfen ein sicheres Abfließen des Wassers in geräumten und mit Archen gesicherten Bachbetten zu gewährleisten und „ruinierte Örter" fruchtbar zu machen.[86] Überdies sollten die zinsberechtigen Gerichtsherrschaft Petersberg, Stifte Stams und Chiemsee sowie Pfarreien Steuernachlässe gewähren.[87] Im Ergebnis konnte die Kommission auch in dieser Vorstoßperiode keine menschlichen Möglichkeiten anbieten, um die Seeausbrüche zu beherrschen. Johann Paris von Wolfenthurn holte in seinem Bericht an die Regierung den Fernerausbruch des Jahres 1601 ins Bewusstsein. Damals sahen die Fachleute keine praktikablen Strategien, die Seeausbrüche zu verhindern, weshalb zu verlobten „creizgäng und andachten" Zuflucht genommen wurde. Der Bericht kommt zum Ergebnis, „daß also bei gefährlichen zuständen kein andere hilf und zuelangliches mitl" zu finden sei, als dass die Bevölkerung des Ötztales ihre verlobten Kreuzgänge einhält und ausrichtet sowie heilige Messen feiert, überdies sollten die Gemeinden des Inntales durch andächtiges Gebet Rettung erbitten.[88]

Bevölkerung in Notsituation – Hinwendung zu Gott

Welcher leidvollen Situation die Bevölkerung nach dem Seeausbruch gegenüberstand, schildern fast in der Form einer Klage die Kuen'sche Fernerchronik sowie ein Brief eines unbekannten Kapuzinerpaters an seinen Oberen.[89] Zusammenfassend vermutet der Berichterstatter, „das ganze arme Öztthal mueß einen großen schaden gelitten und dieses gewässer viel arme betrüebte leith gemacht haben, denen es nicht allein haus und städl, sondern grund und boden hingeführt, verderbt und überschüttet" hat.[90] Nach

---

85 Ueber die Ausbrüche der Ferner und Wildbäche im Oetzthale von 1600 bis 1715. Fortsetzung. In: Kais. Kön. priv. Bothe für Tirol und Vorarlberg, 13. Mai 1844, 152.
86 Vgl. Richter 1892, 409.
87 Richter 1892, 388 und 409.
88 Vgl. Richter 1892, 397.
89 Jäger 2019, 88 f.
90 Vgl. Richter 1892, 378.

anderen Zeitzeugen seien etliche Behausungen, Stallungen, Städel „ganz zerrissen worden". Grundflächen und Kleintiere seien fortgeschwemmt worden, ebenso Getreide und Holz. In Armelen und Winkel seien überhaupt acht bis neun Behausungen samt Stall und Tennen vernichtet worden.[91]

Kuen zählt in seiner Chronik jene Werke der Andacht auf, die in diesem Elend verrichtet worden sind. Von drei Priestern und Kuraten sei am oberen und unteren Ende des Gletschers in Gegenwart von zwei Prozessionen aus Sölden und Längenfeld die heilige Messe „sambt ainer eifrigen Brödig" gefeiert worden. Dazu haben sich auch viele Personen von den anderen Pfarren eingefunden. Zwei Kapuzinerpatres aus Imst seien mehrere Wochen lang in Vent verblieben und hätten dort zur Abwehr der Gefahr täglich das Messopfer gefeiert. Ebenso seien in verschiedenen Orten „andechtige Kreizgeng angeordnet, auch absonderlichen durch die klainen Kinder klegliche Umbgeng gehalten worden". Die Hilfe durch solche „Andachten und Werkh" hätte man bei vielen „Leibsgefahren" verspüren können.[92]

Die Vorstoßperiode 1771–1780

Im Jahre 1771 versetzte das Anwachsen des Vernagtferners die Bewohner in Furcht und Schrecken.[93] Im August dieses Jahres erreichte der Gletscher die Sohle des Rofentales, im November begann der See zu wachsen und erreichte während der Sommermonate des Jahres 1772 die Größe früherer Perioden. Allerdings fand das Wasser jeweils einen schadlosen Abfluss durch den Eisdamm. Dasselbe wiederholte sich in den Jahren 1773 und 1774. Man hatte bereits Erfahrung, durch wirksame Maßnahmen, wie Räumung des Bachbettes, Abtragen oder Erhöhung von Brücken, konnte das Überlaufen des Talbaches verhindert werden.[94] Nach der Schöpf'schen Chronik hat bis zum Jahre 1780 jährlich ein Anwachsen des Ferners und Abfließen des Eissees mit unterschiedlichen, aber nicht so dramatischen Schadensfolgen wie in der letzten Vorstoß-

---

91 Richter 1892, 379 f.
92 Die Kuen'sche Ferner-Chronik. In: Bote für Tirol und Vorarlberg, 13. Mai 1867, 531.
93 Aufschreibung des Ferners vom Jahr 1771. In: Bote für Tirol und Vorarlberg, 15. Juni 1867, 685.
94 Vgl. Finsterwalder 1897, 8 f.

periode stattgefunden.[95] Zusätzlich ist im Herbst 1776 „ain so starkher Westwind mit vilen Regen, Dander (Donner) und Wetterlaichten ankhommen, das es vil Holz in den Weldern hat niedergerissen". Am selben Tag hat der „Fischbach gemuert". Häuser versanken im Schlamm, es herrschte damals ein „großes Elent, das Wetter hat man in Einer Nacht 4 mahl gesögnet mit ablösung der 4 heil. Evangelien". Ein Teil der „Heiser und Städel" war „eingemuert".[96]

Maßnahmen der staatlichen Verwaltung

Die Regierung entsandte nach Bekanntwerden des beginnenden Vorstoßes des Vernagtferners im Juni 1771 zweimal eine Kommission, um den Vernagtferner in Augenschein zu nehmen und darüber zu berichten. Vermutlich um auf Erfahrungen Einheimischer zurückgreifen zu können, zogen die Herren „Nachbarn" aus Vent und Rofen, den Kurat von Vent u. a. bei. Das Vordringen des Gletschers und Seebildung waren neben den Ausmaßen Gegenstand der Berichte. Im April 1772 meldete der Anwalt von Sölden eine zunehmende Gefahr und dass in diesem Jahr nichts Gutes zu erwarten sei.[97] Im August 1772 forderte die österr. Hofkanzlei von Joseph Walcher, einem Mathematikprofessor, ein Gutachten zu allen vorgeschlagenen Maßnahmen an. Er begutachtete im August 1772 den Gletscher, äußerte Verständnis für die Furcht der Anwohner vor einem weiteren Seeausbruch, lobte die Bemühungen der Bevölkerung und die Vorhaltung von speziellen Werkzeugen. Sein Bericht legte offen, dass zwar die Wassergefahren nicht abgewendet werden könnten, doch wären die Schadensfolgen durch bereits bekannte Maßnahmen, wie Räumen der Bäche, Höherstellen von Brücken und Verbauung der Flüsse reduzierbar (siehe Abb. 5 und 6 im Beitrag Gletscherbilder aus dem Ötztal, von Gernot und Ilse Patzelt, S. 46).[98]

Joseph Walcher stimmte verschiedenen Vorschlägen zur Verhinderung eines plötzlichen Seeausbruchs, die von Sprengungen bis zum Durchbohren des Eisdammes

---

95 Aufschreibung des Ferners vom Jahr 1771. In: Bote für Tirol und Vorarlberg, 15. Juni 1867, 686.
96 Die Kuen'sche Ferner-Chronik, in: Bote für Tirol und Vorarlberg, Nr. 136, Innsbruck, 15. Juni 1867, 686.
97 Vgl. Richter 1892, 421 ff.
98 Walcher 1773, 38 f.

reichten, nicht zu. Auch die Idee, den Bereich des Sees mit Steinen aufzufüllen, um die Wassermassen zu begrenzen, hielt er zum Zeitpunkt seines Augenscheines nicht für zielführend.[99]

Hilfe und Strafe Gottes

Auch in dieser Vorstoßperiode von 1771 bis 1780 fanden die Verwaltungsstellen keine Möglichkeiten, die Eskapaden des Vernagtferners mit menschlichen Mitteln zu beherrschen; man könne nur abwarten und auf Gott vertrauen.[100] Der Richter von Petersberg ordnete daher im Juni 1771 ein „10stündiges Gebet" an,[101] auch die Kommission empfahl beim Augenschein im Juni 1771 bei drohender Gefahr Beten.[102] Der Anwalt von Sölden verband im April 1772 die Meldung über das gefährliche Anwachsen des Ferners mit der Hoffnung, dass der große Gott zwar noch alles zum Besten lenken werde, „dieses aber zu erhalten, wirdet ohne zweifel vieles bitten und beten erfordern"[103].

In einem Bericht vom 12. Juni 1774 an den Pfleger zu Petersberg wies der Anwalt ebenfalls auf die zunehmende Gefahr hin und empfahl, „daß man zur abwendung dieser so großen abmahl anscheinenden gefahr bitte und bete"[104]. Am 29. Juni 1774 konnte der Anwalt in einem weiteren Bericht erleichtert verkünden, dass der See ohne Schäden zu verursachen „einen gelimpflichen durchgang und gerechten abfluß" an der Zwerchwand gefunden habe.[105] Franz Zallinger[106] thematisierte die alpinen Schadensereignisse als Strafe Gottes. Nur durch das Gebet könne sein gerechter Zorn besänftigt und die Strafrute abgewendet werden. Allerdings dürfe der Mensch nicht durch die träge Sorg-

---

99   Vgl. Walcher 1773, 43 f.
100 Vgl. Richter 1892, 421.
101 Richter 1892, 423.
102 Richter 1892, 426.
103 Richter 1892, 429.
104 Richter 1892, 432.
105 Richter 1892, 433.
106 Zallinger Franz zum Thurn war Priester und wirkte als der Weltweisheit Doktor und als öffentlicher Lehrer der Physik an der Universität Innsbruck. Er versuchte in seiner Schrift ausführlich u. a. das Entstehen der Eisseen und das Anwachsen der Gletscher im Rofen- und Gurgltal zu erklären.

losigkeit jene Mittel verabsäumen, die er uns selbst dem Übel abzuhelfen in die Hand gab."[107]

Vorstoßperiode von 1845–1850

Ab dem Jahre 1840 nahmen das Volumen des Gletschers und die Geschwindigkeit des Vorstoßes in das Rofental ständig zu. Nach Stotter konnte man das „Vorrücken der Eistrümmer mit freiem Auge deutlich bemerken"[108]. Die Nachricht über das wieder beginnende Vorrücken des Gletschers verbreitete im Inntal und den Ötztaler Gemeinden Angst. Den Eisdamm, mit tiefen und breiten Klüften durchsetzt, verglich er mit den Ruinen einer großen, von einem Erdbeben zerstörten Stadt. Dazu schilderte er ein ständiges „Krachen und Getöse der einbrechenden Pyramiden, und ein Knistern und Rauschen" aus dem Inneren des Eisberges.[109]

Wie bisher konnten die öffentlichen Stellen auch in dieser Vorstoßperiode keine technischen Maßnahmen ergreifen, um einen Seeausbruch zu verhindern. Auf Grund des neuerlichen Anwachsens des Gletschers ordnete die Landesregierung „eine genauere Untersuchung" durch Revierförster Rettenbacher und einen Forstgehilfen an. Sie verschafften sich im Oktober 1844 und Jänner 1845 einen Überblick über die Gletscherregion.

Am 1. Juni 1845 meldete der Provisor von Vent, dass der Vernagtferner „am nämlichen Tage in das Rofental herabgestiegen" und dieses an der Zwerchwand abgesperrt habe. Wiederum veranlasste die politische Führung eine Kommission, den Vernagtferner zu „untersuchen" und Vorschläge zur Verhinderung des Seeausbruches und Schadensminderung zu unterbreiten. Am 14. Juni 1845 unternahm die Kommission den Augenschein am Gletscher, nachdem der Provisor von Vent eine Messe gefeiert und die Mitglieder zum Ferner geführt hatte.[110] Zum See konnte die Gruppe nicht vordringen, sie konnte nur von einer „Anhöhe hineinschauen", erkannte aber die Unmöglichkeit,

---

107 Zallinger zum Thurn 1779, 70.
108 Stotter 1846, 36.
109 Stotter 1846, 38.
110 Vgl. Stotter 1846, S. 36 f.

Abb. 1: „Der gefährliche Hochvernag-Ferner mit dem von denselben gebildeten Eisdamm und See hinter Rofen im Oetz-Tale in Tirol", Lithografie von Leohnhard Mohrherr 1840.

den See abzuleiten. Entgegen der Meinung der Kommission, dass ein Seeausbruch derzeit nicht wahrscheinlich wäre, erfolgte gegen Abend desselben Tages das Gegenteil, ein großer Ausbruch des Eissees.[111] Der Kreishauptmann besuchte die „verwüsteten Stellen bis Kurzlehn". Am traurigsten stimmte jedoch die Einsicht, „daß eine, ja eine öftere Wiederholung dieses Unglückes mehr als wahrscheinlich ist, und daß gegen dieses Naturereigniß im jetzigen Falle kaum eine, wenigstens keine radikale Abhülfe getroffen werden kann".[112]

---

111   Getreue Abschrift von Pater Ignaz Regensburger (Pfarrer 1843–49). In: Pfarrchronik des Pfarrarchivs Huben (1600–1885), TLA, MF 2003/5.
112   Bericht über die Vorgänge in den Fernern Oetzthals. In: Kais. Kön. priv. Bothe von und für Tirol und Vorarlberg, 23. Juni 1845, 200.

Stotter und Pfarrer Regensburger beschreiben die Schäden und vor allem die Not der Bevölkerung, die dieser Ausbruch des Eissees im Rofental verursacht hat.[113] Ein Detail: „Vor einem überschwemmten Hause stand eine weinende Frau, ihr war in einer Stunde vernichtet worden, was sie in jahrelanger Arbeit erworben hatte."[114] Die Frau des „Bothen" hat während der Feldarbeit ihr vor einem Jahr ausgebautes Haus „verrinnen" gesehen. Ihr Mann, auf dem Rückweg von Silz aufgehalten, hat den Dachstuhl seines Hauses mit der Jahreszahl 1844 vorbeischwimmen gesehen.[115]

Letzter Ausbruch des Vernagtsees am 13. Juni 1848 – Neuerliches Elend der Bewohner

Nach der Katastrophe im Jahre 1845 wuchs der Eiskörper im Rofental weiterhin an, Seeausbrüche verliefen ohne Schäden. Allerdings führte der Anstau ab September 1847 zu einem Ausbruch des Eissees am 13. Juni 1848, der im Gegensatz zum Ausbruch im Jahre 1845 „[…] noch viel jammervoller, weil viel zerstörender [war]"[116]. Ignaz Regensburger, Priester in Huben, schrieb die dramatischen Ereignisse des Fernersee-Ausbruches vom 13. Juni 1848 nieder.[117]

Als Beispiel für die Gewalt der Flut beschreibt Regensburger, dass der große, schwere Brunnentrog aus dem Widumsgarten in die Felder von Längenfeld und Holzscheiter nach und nach fortgeschwemmt wurden. Das Chaos geht aus folgender Feststellung hervor: „Wahrhaftig, Fürchterlicheres war nichts zu sehen – Todesangst war im wahren Sinne auszuhalten. Das Brausen und Lärmen des stinkenden, lettigen, schweren Wassers übertönte das jammern der Leute. Alle waren blaß, matt und der Rauch und die unbehagliche Kälte entkräftete, nahm den Atem und Durst und Herzklopfen stellte sich ein." Weinend und händeringend kamen sie zum Widum und klagten, nun alles

---

113 Siehe ausführliche Darstellung: Jäger 2019, 153.
114 Stotter 1846, 56.
115 Getreue Abschrift von Pater Ignaz Regensburger (Pfarrer 1843–49). In: Pfarrchronik des Pfarrarchivs Huben (1600–1885), TLA, MF 2003/5.
116 Bothe für Tirol und Vorarlberg, 6. April 1849, 360.
117 Zusammenfassung siehe Jäger 2019, 105.

verloren zu haben.[118] Man hatte Glück, dass „man die im Jahre 1845 gänzlich ruinierten Felder noch nicht urbar gemacht, sonst wäre alles wieder zugrunde gerichtet worden"[119].

Maßnahmen der Regierung – Solidarität mit den Hochwasseropfern nach beiden Seeausbrüchen

Beide Seeausbrüche konnten mangels technischer Hilfen nicht verhindert werden, die Verwaltung rief zur solidarischen Hilfe für die betroffenen Gemeinden im Ötztal auf. Nach dem Ereignis im Jahre 1845 initiierte die Kaiserliche Regierung zur Abdeckung der Schäden im Ötztal eine allgemeine Sammlung in ganz Österreich. Nach dem Seeausbruch im Jahre 1848 wurde eine solche für Teile Tirols und Vorarlberg bewilligt.[120] Der Erlös wurde teilweise für Schutzbauten verwendet und auf die Gemeinden von Vent bis Umhausen aufgeteilt.[121]

Neben Geldspenden stellten sich Männer aus anderen Gemeinden solidarisch für Aufräumungsarbeiten zur Verfügung. So arbeiteten an den Archenausbrüchen im schwer getroffenen Huben „die Huber mit den Längenfeldern", an mehreren Tagen kamen „einige 40 Umhauser, […] bey 30 Niedertheier, Oester und Tumpner" und am „24ten waren vom ausser dem Maurrach 105 Mann da"[122].

Nach den letzten Seeausbrüchen blieben Anordnungen der Verwaltung zu Gebet und religiösen Ritualen aus. Die Bevölkerung selbst vertraute nach wie vor auf transzendente Hilfen in schweren Zeiten, wie in einem Dank zum Ausdruck kommt, den

---

118 Getreue Abschrift von Pater Ignaz Regensburger (Pfarrer 1843–49). In: Pfarrchronik des Pfarrarchivs Huben (1600–1885), TLA, MF 2003/5.

119 Haid, Anton (Provisor in Vent): Über den Ausbruch des Vernagtferners in den Jahren 1845 und 1848. In: Pfarrarchiv Längenfeld. Historische Aufzeichnungen von Pfarrer Staudacher über Priester, Elementarereignisse u. a. in Längenfeld, ca. 1860, TLA, MF 2134/3, 131 f.

120 Getreue Abschrift von Pater Ignaz Regensburger (Pfarrer 1843–49). In: Pfarrchronik des Pfarrarchivs Huben (1600–1885), TLA, MF 2003/5.

121 Haid, Anton (Provisor in Vent): Über den Ausbruch des Vernagtferners in den Jahren 1845 und 1848. In: Pfarrarchiv Längenfeld. Historische Aufzeichnungen von Pfarrer Staudacher über Priester, Elementarereignisse u. a. in Längenfeld, ca. 1860, TLA, MF 2134/3, 133.

122 Getreue Abschrift von Pater Ignaz Regensburger (Pfarrer 1843–49). In: Pfarrchronik des Pfarrarchivs Huben (1600–1885), TLA, MF 2003/5.

die „Vorstehung des Vertheilungs-Comites der Sammelgelder" im „Bothe für Tirol und Vorarlberg" verlautbaren ließ. Neben den weltlichen Spendern und Regenten galt öffentlicher Dank auch Gott, der „bei mehreren andern Ausbrüchen durch langsames – allmäliges Ausgehen des Wassers schon gezeigt, daß er der Lenker – der glückliche Lenker unerforschlicher Ereignisse sei". Zudem schrieb der Verfasser die Spenden der Leitung durch Gott zu. Gleichzeitig wurde an Maßnahmen erinnert, wie sie seinerzeit Johann Kuen empfohlen hat: nämlich „die Archen herstellen, die Wasserrunste recht räumen, und mit Vertrauen bethen". Schließlich haben die Bewohner dem Allmächtigen vertraut und werden auch in Zukunft auf ihn bauen. Nicht verzagen, Gottvertrauen pflegen und die praktischen Anleitungen des Johann Kuen umsetzen – dies stellte für die Bevölkerung das Rezept für die Zukunft dar.[123]

Anwachsen des Gurgler Gletschers – Anstau des Gurgler Eissees in den Jahren 1716–1724, 1771, 1834 und 1867

Der Gurgler Eissee begrub eine „zuvor schöne Weide für das Hornvieh", aufgestaut durch den anwachsenden Gurgler Ferner. Zum Unterschied zum Vernagtferner bestand er aus einer kompakten Eismasse,[124] das Wasser musste daher unter dem Gletscher einen Abfluss finden oder über dem Eis überlaufen. Die Folge war ein öfters langsames Absenken des Sees, weshalb „noch niemals eine solche Verheerung verursacht worden, wie etwa durch den Vernagtsee". Dieser Eissee bestand nach Eduard Richter seit jeher, hat aber durch das starke Anwachsen der Gletscher in jenen Jahren eine „außergewöhnliche Höhe" erreicht.[125] Im Jahre 1717 hat daher der See an Umfang zugenommen, im Juni hat der Abfluss „in zimlich und namhafter Größe" Brücken und „etwas Grund hinweg gerissen"[126]. Anstau und Abfluss ohne oder mit geringen Schäden wiederholten sich

---

123   Oeffentlicher Dank. In: Bothe für Tirol und Vorarlberg, 6. April 1849, 360.
124   Walcher 1773, 51.
125   Richter 1892, 410.
126   Kuen'sche Ferner-Chronik. In: Kais. Kön. priv. Bothe von und für Tirol und Vorarlberg, 13. Mai 1844, 160.

in den Folgejahren und führten dazu, dass „man nach und nach auf die vorige Furcht [vergaß]". Furcht keimte in den 1770er Jahren wieder auf, als der See wieder anwuchs, begünstigt, weil die Sommerhitze Gletscher schmelzen ließ.[127] Erst im Jahre 1834 haben wieder Wassermassen den See verlassen, sieben Stege und Brücken weggerissen und Wiesen verwüstet.[128]

Maßnahmen der Verwaltung

Am 26. Juni 1717 berichtete der Pfleger von Petersberg zu Silz an die Innsbrucker Regierung über das Entstehen eines Eissees durch den Gurgler Gletscher. Man habe daher Wächter aufgestellt und religiöse Übungen veranlasst. Die Regierung beauftragte eine Kommission, um den Gurgler Eissee in Augenschein zu nehmen und mögliche Abhilfen zu erkunden. Der See hatte sich allerdings bereits vor ihrem Eintreffen entleert. Die Feststellung, dass der See Flächen bedeckt, auf denen vorher die Schnalstaler Schafe und Galtvieh weideten, beweist den gewaltigen Vorstoß des Gletschers. Die Kommission fand keine Möglichkeiten gegen einen Seeausbruch, sie empfahl lediglich eine regelmäßige Beobachtung der Situation durch einen „zuverlässigen Mann". Ein Vorschlag sah den Aushub eines Abzugskanals vor, „welchen 100 Mann in 8 Tagen wohl fertig bringen könnten"[129].

Übermäßiger Anstau des Sees, Meldung an die Behörde in Innsbruck, Entsendung einer Kommission wiederholten sich in den Folgejahren, ebenso die Meldungen eines natürlichen Abflusses des Wassers und der Feststellung, den Abfluss nicht verhindern zu können.

Im Oktober des Jahres 1770 wurde nach dem schadlosen Abfluss des Sees ein weiterer Augenschein angeordnet, den der k. k. Weginspektor durchführte. Auch zu diesem Zeitpunkt konnte der Beamte für die Zukunft keine Lösung vorschlagen, die den Stau des Eissees verhindern könnte: „Das einzige Heilmittel für die Zukunft sei die Anlegung eines Kanals […], vor allem aber Gebet und gute Werke."[130]

---

127 Walcher 1773, 54 f.
128 Vgl. Tinkauser 1886, 405.
129 Richter 1892, 413 f.
130 Richter 1892, 422.

Messen und Prozessionen gegen die Seeausbrüche im Gurgltal

Auch wenn extrem schadensvolle Seeausbrüche letztlich ausblieben, verbreiteten sich Angst und Furcht, wenn der Eissee wieder anstaute, die Bewohner nahmen Zuflucht zu religiösen Ritualen. So vermerkte der Pfleger von Petersberg zu Silz in seinem Bericht vom 26. Juni 1717, dass man bereits „creutzgeng, gebeter und lesenlassung hl. Messen" angeordnet habe.[131] In Anbetracht eines unmittelbar bevorstehenden Ausbruches des Sees im Juni des Jahres 1718 plante die Gemeinde Sölden am Tag Mariä Heimsuchung (2. Juli) einen Kreuzgang zum Fernersee.

Am 2. Juli 1718 ging das Kirchspiel Sölden „zu dem dermahlen sehr gefährlich bewusten fernersee widerumb mit procession und aller andacht und euffer". Jacob Kopp, Kurat von Sölden, zelebrierte dort um „allergnädigste abwendung" der befürchteten Schäden eine heilige Messe, zudem hat er „das entsötzlich große aufgehaltene ferner gewässer benedicirt, hochgeweichte sachen zur verhinderung des höchst besorglichen ybls hinein geworfen"[132]. Am 6. Juli 1718 informierte der Kurat den Regierungssekretär Lachemayr über den kurz bevorstehenden Überlauf des Sees und dass er „schon zum drittenmahl aldorten auf dem eiß celebriert und all geistliches zu verhinderung alles ybls vorgewendet" habe, denn menschliche Hilfe sei in dieser Situation nicht möglich.[133]

Nach der Kuen'schen Ferner-Chronik hat „Anno 1718" der „schreckbare See" das „Oetzthal in große Furcht gesetzt", weshalb „der wohlehrwürdige Herr Jakob Kopp, Pfarrer zu Sölden" mehrere Wochen lang „alle Samstag [...] auf den Ferner das heil. Meßopfer verrichtet" hat.[134] Der Pfleger von Petersberg informierte die Regierung in Innsbruck am 17. Juli über den schadlosen Ausfluss des Eissees, mahnte aber ein, dass der liebe Gott augenscheinlich zeigen wolle, „daß menschliche vorsöch- und handanlögung dieser wunderparlichen aigenschafft oder natur des ferners vergöbens seie".[135] Pichler erinnerte bei seinem Besuch am Eissee, dass dort am Rande beim steinernen

---

131 Richter 1892, 413.
132 Richter 1892, 417 f.
133 Richter 1892, 418.
134 Kais. Kön. priv. Bothe von und für Tirol und Vorarlberg, 16. Mai 1844, 160.
135 Richter 1892, 420.

Abb. 2: Bittgang zum Gurgler Eissee: Der Pfarrer von Vent. Zeichnung von Fritz Bergen, um 1899.

Abb. 3: Auch im Pitztal wurden bis in die 1920er Jahre sogenannte „Gletscherprozessionen", d. h. Bittgänge zum Mittelbergferner durchgeführt, Aquarell von Hans Beat Wieland.

Tisch der Geistliche die Messe las und mit der Monstranz den Ferner segnete, „damit ihn eine höhere Hand zügle, wenn der Mensch den Kampf nicht wagen darf".[136]

Gegenwart trifft Vergangenheit

Die Bewohner standen den Naturereignissen machtlos gegenüber, von öffentlichen Stellen organisierte Kommissionen nahmen die Eisdämme in Augenschein, fanden aber keine Abhilfe gegen die Seeausbrüche. Die Bergbewohner vertrauten auf die Hilfe Gottes und anerkannten die Natur als sein Regelwerk. Sie erlebten in den drohenden Eisseen das ‚Dämonische', dem durch heilige Messen, Segnungen und geweihte Sachen an Ort und Stelle begegnet werden konnte. Daneben war ihnen bewusst, dass alle Möglichkeiten einer Sicherung des Baches durch menschliche Arbeit ausgeschöpft werden müssen. Insofern mahnte die Kuen'sche Chronik immer wieder die Erinnerung an vergangene Seeausbrüche ein und verlangte für die Zukunft entsprechende Sicherungsmaßnahmen vorzubereiten.[137]

Das Vertrauen der schwer geprüften Bevölkerung auf die Hilfe Gottes wurde etwa 100 Jahre später von Außenstehenden, wie Heinrich Noe,[138] belächelt. Karl Sonklar bezeichnete den „feierlichen Bittgang nach dem Gurglergletscher", wo „dem Lenker der Schicksale auf Erden ein Meßopfer dargebracht wurde", als „merkwürdige Begebenheit". Er fand den frommen Glauben der Andächtigen dadurch belohnt, „dass der Gletscher von seinem Anwachsen nicht abließ", im Gegenteil sogar „um einige Tausend Fuss […] im Thale vorrückte"[139]. Die Bevölkerung blieb der religiösen Deutung von Naturereignissen weiterhin verbunden, während bei Außenstehenden das Forschungsinteresse, der Blick für die Schönheit der Natur oder eine durch Meldungen geschürte Neugier Beweggründe für eine Besichtigung der Eisseen waren.

---

136 Pichler o. J., 310. Adolf Pichler besuchte Kurat Adolf Trientl in Gurgl, der dort von 1857–1864 als Seelsorger wirkte.
137 Kais. Kön. priv. Bothe von und für Tirol und Vorarlberg, 20. Mai 1844, 164.
138 Noe 1876, 527.
139 Sonklar Edler von Innstädten 1860, 108.

Das Leben der Bergbewohner in ständigen Bedrohungen durch Naturereignisse während der Zeit der Gletschervorstöße regt zu Überlegungen an, wie sich der Mensch überhaupt in Krisenzeiten verhält. Letztlich sind Denkweisen und Strategien von damals in den Krisen der Gegenwart in ähnlichen Strukturen wiederzufinden.

Die Bergbewohner sind zwar nicht mehr den Folgen von Gletschervorstößen ausgesetzt, doch der Gefahrenkatalog für den alpinen Lebensraum erfuhr eine Erweiterung: Auftauen des Permafrostes mit Felsstürzen als Folge, schmelzende Gletscher hinterlassen neue Wasseransammlungen, die ebenfalls zum Ausbruch neigen. Dazu verbreiten technische Einrichtungen, wie geplante oder bestehende Staumauern, Angst vor Dammbrüchen – das Unglück in Longarone ist gegenwärtig. Trotz des technischen Fortschritts dauert die Sorge um den natürlichen Lebensraum an.

„Carte du Rofenthal", Lithografie von E. Simon 1846

Ein Wettlauf mit dem Wasser

Franz Josef Gstrein

Diese Kurzgeschichte ist der Schrift „Überlieferte Begebenheiten aus dem Ötztal. Gesammelt und erzählt von Franz Josef Gstrein, Bauer in Ötz" entnommen. Der Text wurde 1929 auf Basis von Erzählungen älterer Menschen im Tal verfasst und wird hier unverändert wiedergegeben.[1]

Es ist der 14. Juni des Jahres 1845. Ein schöner, warmer Sommertag neigt sich dem Ende zu. In der Gemeinde Sölden im Ötztal sind die Leute mit der Heuarbeit auf dem Felde beschäftigt. Einige Bauern sind schon auf die Bergmähder hinaufgestiegen, wohin auch die übrigen anfangs Juli folgen werden. Denn im Hochsommer würde man hier in den Häusern im Tale früher nur wenig Leute getroffen haben. Alles ist auf den Bergen, wo sie Hütten aus Holz (Blockbau) haben mit Küche, Stube samt Ofen, Schlafkammern, Ställen fürs Vieh und Heustädel. Kühe und Ziegen, Schweine und Hühner sowie für eine Woche Lebensmittel werden mitgenommen. Kleine Kinder trägt man in Ruckkörben hinauf, die größeren gehen selbst. Bisweilen kommt es vor, dass ein junger Erdenbürger da oben das Licht der Welt erblickt. Zwar umgibt kein großer Luxus seine Wiege, aber den Titel Hochgeboren konnten solche doch mit Recht führen. In einer solchen Bergmahd sind zwei Leute mit Einbringen des Heues beschäftigt. Das Weib, Helena mit Namen, kehrt das kurze Gras mit einem Besen aus Alpenrosenzweigen zusammen, der Mann, Andrä, macht mit dem Rechen Büschel, legt sie auf das doppelt ausgelegte Seil der Furgel, bindet die Last zusammen und trägt sie in den Stadel. Der Mann ist 30 Jahre alt, nur mittelgroß, breitschultrig und kräftig gebaut. Seine Gesichtszüge zeugen von Ehrlichkeit und Gemüt. Er trägt eine grobe wirchene Pfoad (Hemd), lodene Kniehose, wollene Strümpfe und nur bis an die Knöchel reichende, grobgenagelte Schuhe. Das Weib ist erst 26 Jahre alt, eine kräftige, blühende Gestalt. Das braune Haar ist in zwei Zöpfen um den Kopf geschlungen, in den angenehmen Gesichtszügen lesen wir

---

1 Gstrein 1929, 25–31.

etwas von Energie und Arbeitslust. Ihre Kleidung besteht aus einem rotwollenen Kittel, Mieder, weißwollenen Wadenstutzen. Die Füße stecken in Holzschuhen, die unten mit Eisenstiften besetzt sind, damit man in den steilen und teilweise absturzgefährlichen Mähdern nicht ausgleitet. Denn hier werden selbst hie und da Edelweißsterne gemäht und mit dem Heu eingebracht, und diese gedeihen bekanntlich nicht auf ebenen Wiesen. Das junge Weib ist die vielumworbene Tochter eines angesehenen Bauern und Handelsmannes und erst vor wenigen Monaten dem Andrä zum Altare gefolgt und in sein kleines hölzernes Haus im abgelegenen Weiler P… als seine Bäuerin eingezogen. Und die beiden sind glücklich und zufrieden.

Nachdem sie das Heu fertig eingetragen, nimmt der Mann Sense und Wetzstein, geht ein Stück unter die Hütte hinab und beginnt zu mähen. Die Helena aber geht das Milchvieh holen, zwei kleine Kühe und einige Ziegen. Sie lockt die Kühe „Kus, Kus" und die Ziegen „Giz, Giz", die Tiere laufen ihr zu und ohne große Mühe bringt sie dieselben in den Stall und beginnt sie zu melken. Das Vieh besorgen hier meistens die Frauen, und wenn die Tiere einmal die Behandlung durch dieselben gewohnt sind, so zeigen sie sich diesen viel anhänglicher als den Männern. Nach dem Melken geht sie in die Küche, seiht die Milch und schüttet sie in die Näpfe zum Ausrahmen. Dann wird Feuer gemacht, eine Pfanne mit etwas Milch darübergestellt, ein Laibchen etwa drei Monate alten Gerstenbrotes wird mit dem Löffel in Stücke zerschlagen und in die Milch gelegt, und so die gewöhnliche Abendkost bereitet. Hier wird nur im Jahre zwei- bis dreimal gebacken. Der Andrä hat unterdessen schon ein schönes Stück abgemäht. Da erklingt vom hohen gotischen Turme der altehrwürdigen Pfarrkirche herauf die Aveglocke, und überall wo ihr Ton vernommen wird, beten die Leute andächtig den „Engel des Herrn". Die Sonne wirft ihre letzten Strahlen auf alle die ungezählten eisschimmernden Spitzen und Grate und Firne der Ötztaler Alpen und läßt sie in rosenrotem Licht erglänzen.

Unser Mähder hält mit der Arbeit inne und betrachtet für kurze Zeit seine Umgebung, denn er ist nicht unempfindlich für all die großartige Schönheit der Hochgebirgswelt. Doch plötzlich stößt er einen Schrei aus, läßt die Sense fallen und starrt mit weitgeöffneten Augen hinein durchs Tal gegen Kurzlehn; denn etwas Schreckliches kommt da heraus. Der Rofener Wildsee, von dem ins Tal herabgewachsenen Vernagtferner aufgestaut, hat den Eiswall durchbrochen und wälzt sich verheerend durchs Tal heraus. Niemand ahnte, daß der Ausbruch schon jetzt erfolgen könnte, da der See erst vor zwei Wochen angefangen hatte sich zu bilden. Voraus schob es einen so gewaltigen Haufen von Holz uns Eis, daß man könnte trockenen Fußes darüber gehen, wie der Andrä später erzählte.

Doch bald kommt ihm der Gedanke, was wird geschehen, wenn der Wasserschwall die Talsohle von Sölden erreicht? Dort wo die Ache aus der Schlucht in das Talbecken heraustritt, stehen in der Nähe zwei Häuser. Dort dürfte gerade niemand daheim sein als ein älterer gelähmter Mann, der meist auf der Ofenbank liegt. Der ist verloren, denn von den Leuten, die weiter auswärts auf dem Felde sind, wird niemand mehr heraufkommen können ihn zu retten. Doch ihm selbst könnte es vielleicht gelingen, wenn er noch vor dem Wasser hinabkäme. Kurz entschlossen bricht er auf und eilt mit gewaltigen Sätzen den Berg hinab. Der Hauptschwall des Wassers wurde am Eingang der Kühtrainschlucht etwas aufgehalten und daher glückte das Unternehmen. Doch war etwas Wasser vorausgesickert. Mit Schweiß übergossen, bis an die Knie watend, erreichte unser Andrä das Haus. Auch in dieses war schon Wasser eingedrungen, denn als er die Tür öffnete, schwammen ihm Schuhe und andere Sachen entgegen. Den Mann aufnehmen und mit ihm auf eine nahe Anhöhe eilen, wo sie das Wasser nicht mehr erreichen konnte, war das Werk weniger Minuten. Mit Tränen in den Augen dankt dieser, der sich schon dem Tode nahe geglaubt, seinem Retter. Dann sahen beide dem schaurigen Schauspiel zu, wie das Wasser die Talsohle von Sölden überschwemmte. Über diesen Fernerausbruch berichtet uns ein anderer Augenzeuge, nämlich Dr. M. Stotter aus Innsbruck, der mit der Landeskommission am Tage des Ausbruchs beim Ferner drinnen war, folgendes:[2] Am 1. Juni 1845 meldete der hochw. Kuratieprovisor von Vent, Herr Anton Haid, daß der Eisstrom in das Rofental herabgestiegen sei, dasselbe an der Zwerchwand abgeschlossen habe und die Ache zum See zu schwellen beginne. Die Bewegung des Ferners war in den letzten Tagen so rasch, daß man das Vorrücken der Eistrümmer mit freiem Auge beobachten konnte. Diese Nachricht verbreitete Furcht nicht nur im Ötz-, sondern auch im Inntale, und mit Angst sahen jene Gemeinden, die beim Ausbruch des Rofensees einer Überschwemmung ausgesetzt waren, der Zukunft entgegen.

---

2 In dem Büchlein „Die Gletscher des Vernagttales", Innsbruck 1846, Seite 36–57. Dr. M. Stotter war Sekretär des geognostisch-montanistischen Vereins für Tirol.

Über Gebühr vergrößerte Gerüchte und die Erinnerung an überlieferte Katastrophen schreckten selbst Ortschaften, die durch ihre Lage vor jeder Wassernot gesichert waren. Unter diesen Verhältnissen fand sich Seine Exzellenz der Herr Landesgouverneur Klemens Graf Brandis bewogen, selbst an die Spitze der technischen Kommission zu treten, welche unter Begleitung des Herrn Kreishauptmannes von Imst, von Neupaur, in wissenschaftlicher und praktischer Beziehung die ungewöhnliche Erscheinung am Vernagtferner untersuchen und Vorschläge machen sollte, wie der drohende Ausbruch des Fernersees zu verhüten, oder in seinen verderblichen Wirkungen zu mäßigen wäre. Diese Kommission, der sich auch etliche Ötztaler anschlossen, gelangte am 13. Juni nach Vent, übernachtete dort und bestieg am Morgen des 14. Juni den Platteiberg zur Besichtigung des Gletschers. Dr. M. Stotter schreibt darüber: „Der Anblick, den der untere Teil des Vernagtferners bietet, ist ein ganz ungewöhnlicher, ein ganz neuer. Nirgends in Tirol, so groß das Gebiet der Gletscher ist und so mannigfaltig deren Formen sich ausbilden, kennt man einen, der mit dem Vernagtferner vergleichbar wäre. Nirgends sind die Klüfte so tief und breit, nirgends die Zerstückelung der Oberfläche so weit vorgeschritten. Die Ruinen einer großen Stadt, die ein Erdbeben in Trümmer gerüttelt hat, geben annähernd ein Bild von seinem Zustande. Die ganze Oberfläche des Ferners, von der Zwerchwand durch das Vernagttal aufwärts, soweit der Eisstrom sichtbar war, bedeckten zahllose Eisblöcke, bald zu spitzen Pyramiden, bald zu umgestürzten Kegeln geformt, im wildesten Gewirre. Einzelne Stücke ragten hoch über die andern empor, und hielten sich in Stellungen, welche jeden Augenblick den Einsturz erwarten ließen. Andere wechselten zusehends ihre Gestalt, zerfielen teilweise oder versanken gänzlich, eine weite Öffnung zurücklassend. Das Krachen und Getöse der einbrechenden Pyramiden, sowie ein Knistern und Rauschen, das aus dem Innern des Eisberges zu kommen schien, dauerte fast ohne Unterbrechung fort. Seine Exzellenz begab sich bald wieder zurück nach Vent und überließ das Ausmessen des Eisdammes und Sees der technischen Kommission. Zu dem Zwecke mußte man in die Zwerchwand einsteigen, was aber die meisten der Herren nicht wagten. Daher gingen nur der Förster Hepperger, der Bauer Klotz von Rofen, Andrä Haid, Lehrer zu Ötz, Johann Leitner, Schmied in Ebene und Niklaus Haid, Gärber in Brunau hinab, übersetzten die Schlucht des Rofenbaches auf einer Schneebrücke, stiegen in die Wand und nahmen von hier aus die Messungen vor. Auf Grund derselben schätzte man die Wassermasse des Sees auf

205.960 Kubikklafter³, welche Wassermenge sich von 1. bis 14. Juni gesammelt hatte. Gegen 4 Uhr nachmittags verließ die Gesellschaft den Ferner und begann den Rückweg nach Vent. Sie waren eben auf den Rofener Wiesen angelangt, als der See auch schon ausbrach."

Ein Hirte soll vom Platteiberge aus zufällig den Ausbruch gesehen haben. Das Wasser sprang in mächtigem bogenförmigen Strahl empor, bis sich allmählich die Öffnung erweiterte. Dr. M. Stotter schreibt: „Die hohe Flut kam um 5 Uhr 18 Min. nach Vent, um 7 Uhr nach Sölden, um 8 ½ Uhr nach Längenfeld und zwischen 1 Uhr und 2 Uhr nachts nach Innsbruck. Im Ötztal blieben von 21 Brücken, welche von Rofen bis Umhausen über die Ache führten, nur drei unbeschädigt. In großer Aufregung stiegen wir nach Vent hinab, und schon aus der Ferne konnten wir die Zerstörungen wahrnehmen.⁴ Das Wasser hatte mehrere Brücken und Gebäude fortgerissen und auch in den Feldern namhaften Schaden getan, obwohl die Ortschaft in etwas erhöhter Lage sich befindet. Am nächsten Tag benützten wir die Gelegenheit, mit den Ötztalern, welche uns zum Ferner begleitet, zurückzukehren. Einzelne Nachrichten, die aus den untern Talgegenden heraufgelangten, sprachen nur einstimmig von großen Verheerungen und ermutigten uns wahrlich nicht zur mühevollen Rückreise. Sie waren auch nicht übertrieben. Von Vent bis Umhausen war kaum der zehnte Teil des Weges, den wir auf der Hinreise gemacht, noch gangbar, und von Heiligkreuz bis Umhausen mußten wir stets auf der rechten Talseite bleiben, und über Brand und den Tauferberg steigen. Im Ventertal fanden wir noch überall Eistrümmer, oft mehrere Kubikfuß groß, am Bachufer. Die Felsenklamm zwischen Zwieselstein und Sölden muß die Gewässer sehr geschwellt haben, denn die ganze Fläche von Zwieselstein war übersandet und am Eingang der Schlucht hingen behauene Balken mehrere Klafter hoch über dem Bachbett an den Bäumen. Aus dieser Talenge brach die Flut so schnell und mit solcher Wucht hervor, daß die Leute auf den Feldern um Sölden kaum entfliehen konnten. Im ersten Andrang wurden schon die Dämme, an denen die Gemeinde seit hundert Jahren baute, vernichtet, und das Wasser ergoß sich über die Felder, alles fortreißend, was ihm an Gebäuden entgegenstand.

---

3 1 Kubikklafter entspricht 6,82 m³; 205.960 Kubikklafter damit einer Wassermasse von 1,4 Mio. m³, Anm. d. Hg.
4 Die Mitglieder der Kommission waren auf den Rofner Wiesen vom Wasser nicht gefährdet, weil die Ache dort in einer tiefen Schlucht dahinfließt.

Selbst die Häuser, welche hart am Rande der Talebene standen, waren sehr beschädigt und zum Teil unbewohnbar gemacht. Tag und Nacht hatten die armen Leute gearbeitet, um den Bach in sein Bett zu leiten, aber es gelang nicht. Von Schweiß übergossen, sahen wir sie noch unverdrossen an der Arbeit. Nicht minder schrecklich waren die Verwüstungen bei Huben. An der Krümmung, welche die Ache bei ihrem Eintritt in das Becken von Längenfeld zu machen gezwungen ist, widerstand der noch nicht vollendete Damm dem Stoße des Wassers nicht, brach an drei Stellen ein, die besten Felder bis Längenfeld herab wurden überschwemmt und selbst die Häuser des Dorfes Huben wurden stark beschädigt. Außerhalb Längenfeld beschränkte sich die verderbliche Flut nur mehr auf die Zerstörung der Wege und Brücken ohne weitern Schaden. Am 17. Juni kamen wir (die Kommission) nach Innsbruck zurück."

Bewegung einer Gletscherspalte, um 1900, Rudolf Reschreiter

Wissensdurst schafft Bergeslust

Wie das Naturphänomen Gletscher die Neugier der Städter nach den Bergen weckte

Veronika Raich

Hinteres Ötztal, erste Hälfte 19. Jahrhundert und letzte Phase der kleinen Eiszeit:

Das Leben der Bewohner und Bewohnerinnen[1] der Ötztaler Bergregionen war geprägt von harter Arbeit mit wenig Ertrag, bedingt durch raue klimatische Verhältnisse und wiederkehrende Bedrohungen durch Naturkatastrophen wie die oftmals verheerenden Ausbrüche der Gletscherseen, insbesondere des Vernagt- oder Rofengletschers und Gurgler Ferners.

Schäden entstanden nicht nur in der unmittelbaren Umgebung, im Rofental und Gurgler Tal, sondern Spuren der Verwüstung zogen sich durch das gesamte Ötztal bis hinaus ins Inntal.

Bereits seit der Neuzeit lockte die außergewöhnliche, phänomenale Gletscherwelt Forscher, Wissenschaftler, Techniker und Bauingenieure in diese abgelegenen Gebiete.[2]

Sie scheuten nicht die Mühen der äußerst beschwerlichen Anreise, um vor Ort nicht nur Forschung an den Gletschern, ihrer Größe und Beschaffenheit zu betreiben, sondern auch Überlegungen zu bautechnischen Maßnahmen zum Schutze von Mensch, Tier und landwirtschaftlichen Nutzflächen anzustellen.

Eine aufschlussreiche künstlerische Darstellung des Rofentales mit Dokumentation des Gletschereissees sowie Angaben zu der Gletscherbewegung während 24 Stunden zeigt die Lithografie des Straßburger Künstlers E. Simon aus dem Jahr 1846. (Siehe Beitrag Gstrein, S. 110)

---

1 Aus Gründen der einfacheren Formulierung verwende ich die maskuline und – wo Frauen belegt sind – auch die feminine Form. Beide Formen sind allerdings ohne jeglichen Ansatz von Diskriminierung gedacht.
2 Nicolussi 2002, 9–23.

Mit Fortdauern der Gefahrensituation hatten sich über die Jahre nicht nur die Negativmeldungen über die Grenzen hinweg verbreitet, sondern auch die […] „schauderhaft prächtige Schönheit"³ und Attraktion der Naturlandschaft des Tales in weiten Kreisen der Gesellschaft, dem Adel, Bürgertum, Gelehrten- und klerikalen Kreisen als auch natürlich der Künstlerschaft, herumgesprochen.

Insbesondere der Gurgler Eissee, auch Gurgler Lacke genannt, genoss in Beschreibungen Superlative wie „ein wahres Miniaturbild des Polarmeeres".⁴

Als Bild eingefangen hat dieses Naturspektakel des Gurgler Eissees der Salzburger Alpenzeichner Anton Sattler (1846–1883) anlässlich seiner Expedition in die Ötztaler Alpen im Jahr 1867 (siehe Beitrag Moser-Ernst, Abb. 8, S. 74).

In den Bildwerken von Thomas Ender lassen sich wissenschaftliche Erkenntnisse ebenso feststellen wie eine ausgeprägte Tendenz zu topographisch korrekter Darstellung der im Fokus stehenden Landschaft. Hier im Bild seine Sicht auf den Gurgler Ferner aus dem Jahr 1876. Knapp unterhalb des Bildrandes erahnen wir den oben beschriebenen See. (Abb. 1)

Abb. 1: Der große Gurgelferner im Langtal, 1876, Thomas Ender.

Nicht nur Forscher wurden neugierig. Berichten zufolge scheuten auch Schaulustige keine Anstrengungen, um diese Orte aufzusuchen. Man marschierte in einem Tag vom Inntal kommend durch das Ötztal nach Vent, genauso wie man eintägig von Vent nach

---

3   Trientl 1864, 22.
4   Trientl 1864, 22.

Meran und weit darüber hinaus ging. Endlos weite Fußmärsche, fast schon Gewaltmärsche, waren normale Standards der damaligen Zeit.

Nachfolgende Eintragung aus dem Jahr 1854 im ersten Fremdenbuch von Vent führt uns die ausgeprägten Distanzen vor Augen:

den 8. Sept. Hermann Paul Oechel, Student der Rechte aus
Leipzig auf der Reise über den Hochjochgletscher nach Meran
Botzen, Gardasee etc. etc.[5]

Oder noch markanter die Fußmarschvorhaben der Schlagintweit-Brüder:

Heute werden wir über das Hochjoch nach Mals
gehen, um nach so manchen Gletscherstrapazen eine
kleine Erholungsreise an den Comersee zu machen.[6]

Das gesteigerte Interesse der Menschen galt verstärkt dem Abenteuer der Gletscherüberschreitung, aber auch die prachtvollen Berggipfel gerieten immer mehr in den Fokus der Begierde. Eine Art „Wettbewerb der Erstbesteigungen" der imposantesten Berggipfel im hinteren Ötztal nahm seinen Lauf.

Aber wo Licht ist, da ist auch Schatten: Viele Diskussionen über Gelingen oder Misslingen eines Erstbegehungsversuches wurden nicht nur beim abendlichen Zusammensitzen im Widum angeregt, oft auch kontrovers diskutiert, sondern auch zu jener Zeit bereits medial gestreut. Im Besonderen die Wildspitze, hier unterhalb im Bild nach der Natur gezeichnet vom Alpenforscher Friedrich Simony und lithografiert vom Alpenmaler Conrad Grefe, stand dabei, wohl aufgrund ihrer herausragenden Höhe, im Fokus. (Abb. 2: Ausschnitt. Gesamtansicht siehe Beitrag von A. Fischer)

---

5   Fremdenbuch von Vent, Band I, 8. Sept. 1854.
6   Fremdenbuch von Vent, Band I, 21. Sept. 1847.

Das Venter Widum „Zum Kuraten" war für lange Zeit die einzige Herberge vor Ort und Kurat Franz Arnold, er wirkte dort von 1845 bis 1852, war Seelsorger, Hausherr, Gastgeber und leidenschaftlicher Fremdenführer in einer Person.

Alle von weither Angereisten trafen sich dort. Auch Erzherzog Johann machte auf seiner Exkursion ins Ötztal im Widum Station. Er war es auch, der beim Abschied dem Kuraten versprach ein „Einschreibebuch"[7] zu schicken. Dieses Buch, das erste Fremdenbuch von Vent, Band 1, 1845–1867, das sich nun im Alpenverein-Museum/Archiv befindet, stellt die zentrale historische Quelle meiner Ausführungen dar.[8]

Abb. 2: Die Hohe Wildspitze bei Vent, 1869, C. Grefe nach Friedrich Simony, (Ausschnitt).

Kurat Arnold selbst hat im Fremdenbuch viele Beschreibungen für Wege über die Jöcher und zu den Berggipfeln der näheren und weiteren Umgebung niedergeschrieben.[9] Er führte seine Gäste auch selbst in die vergletscherten Hochregionen und fungierte in diesem Sinne als Botschafter einer bis dahin von Touristen noch kaum begangenen Naturlandschaft von faszinierender Schönheit. (Abb. 4)

Dieses bewusste Fördern des touristischen Zustromes war durchaus gewollt, denn man sah darin eine gute Möglichkeit, den Einheimischen eine zusätzliche Verdienstmöglichkeit zu eröffnen.

---

7 Zwiedineck-Südenhorst 1903, 77–94.
8 Transkription Frau Dr. Margit Hohenlohe.
9 Fremdenbuch von Vent, Band I, Eintragung Franz Arnold, 1850, ganzseitig.

Abb. 3: Im Eisbruch des Taschachferners, um 1900, Rudolf Reschreiter.

Repräsentativ für die steigenden Zahlen der Neugierigen findet sich im Fremdenbuch eine frühe Eintragung vom 19. September 1845:

Unter den sieben Hundert Ferner Beschauern dieses Jahres befindet s[ich] auch [...] Christian Falkner im 40ten J[ahre] Frühmessner und in ein und achzigsten Jahre seines Alters.

Christian Falkner
Am 19 / Sept. [1845][10]

Zum Anteil der Frauen im Hochgebirge schreibt Adolf Trientl, damals Seelsorger in Umhausen, in seinem Beitrag: „Der Besuch von Frauen ist gar nicht selten und eine Crinoline überschritt meisterhaft den großen Ferner."[11]

---

10 Fremdenbuch von Vent, Band I, Eintragung Christian Falkner, 19. Sept. 1845.
11 Trientl 1864, 13.

Abb. 4: Partie am Ötztaler Gletscher, Fotograf unbekannt, Verlag Franz Unterberger (1795–1867)

Ein frühes Beispiel einer „Gletscher-Touristin" im Ötztal sei hier angeschlossen:

8. Juni 1850
Marie Gelpcke aus Berlin machte hierher ihre erste Fußreise im fürch-
terlichsten Regen, und erwartet nun mit Sehnsucht, das Aufhören desselben,
um den Genuß zu haben, den Ferner besteigen zu können. –
Durch die freundliche Begleitung unseres jetzigen gastfreund-
lichen Herrn Wirthes, ward uns der sehr schlechte Weg hierher
um Vieles erleichtert. Charlotte Gelpcke geb. Wiese[r]. Minna Gelpcke.[12]

Orts- und geländekundige einheimische Männer, vor allem Bauern, stellten sich als unverzichtbare Führer der neugierigen Fremden heraus. Das Berufsbild des Berg- und Wanderführers war bereits in Form gegossen. Kurat Franz Senn, ein Urvater des Alpenvereins, wird Jahre später dem Bergführerwesen ein theoretisches und praktisches Regelwerk und grundlegende Ausbildung voranstellen.

---

12 Fremdenbuch von Vent, Band I, Eintragung 1850.

Abb. 5: Fremdenbuch von Vent, Band 1, 1845–1867.

Das Venter Fremdenbuch entpuppt sich als eine schier unerschöpfliche Quelle für die Rekonstruktion alpiner Erkundungswege historischer Persönlichkeiten der Wissenschaft und des frühen Alpinismus.

Von Erzherzog Johann, der – angetan von der spektakulären Landschaft, aber auch den Nöten und Gefahren des Ötztales – bei seiner Abreise darum bat, ihn über die Entwicklungen im Tal auf dem Laufenden zu halten, über die Gebrüder Schlagintweit bis zum Alpenforscher Friedrich Simony. Sie alle trugen ihre Eindrücke, Bilder, Erkenntnisse und Messdaten hinaus in die Welt und wirkten so auch als touristische Botschafter.

Eine sehr spektrumsreiche und dokumentarisch hochwertige Darstellung ihres langen Aufenthaltes im 1847 Jahr in der Großregion des hinteren Ötztales hinterließen die Alpenforscher und Bergsteiger Hermann und Adolf Schlagintweit und deren jüngster Bruder Eduard.

Darin berichten sie nicht nur von den geografischen oder landschaftlichen Phänomenen dieser Gegend, sondern schildern auch den Versuch der Ersteigung der Wildspitze. Nach „fürchterlichem Kampf"[13] erreichten sie nach acht Stunden die Spitze.

---

13 Fremdenbuch von Vent, Band I, Eintragung 21. Sept. 1847.

Es war die Nordspitze. Aber tauchen Sie selbst ein in die Schilderungen der Brüder Schlagintweit:

den 21 Sept. 1847
Hermann, Adolph, Eduard Schlagintweit aus München
vom 27 Aug. bis 21 Sept.

Während unseres langen Aufenthaltes in Fend Gurgl und Schnals haben wir so manchen eilig durchwandernden Reisenden überdauert u. haben ungeachtet des ungünstigen Herbstes in diesen wenigen Wochen so viel Schönes und Intereßantes In der Gletscherwelt dieser Täler gesehen, daß ~~wir~~ *es uns wohl mag erlaubt sein, einige Bemerkungen darüber hier niederzulegen.*
Die meisten Fremden, die dieses Thal besuchen, besehen wohl vor allem den Vernagtferner, und thun Recht daran. Kein Gletscher hat durch seine Verheerungen eine so traurige Wichtigkeit für das Oetzthal erlangt, und keiner verdient in so ferne mehr die Aufmerksamkeit der Fremden.
Doch glaube man nicht, sich dort den wahren Begriff eines Gletschers zu holen; seine endlose Zerklüftung die vielen Eispyramiden, der […] Gletschertische und viele andere seiner Eigenthümlichkeiten gehören eher zu den aussergewöhnlichen als zu den regelmäßigen Eigenschaften eines Gletschers.
Ein ganz anderes Bild bieten zum Beispiel der Hochjoch-Hintereis-Ferner beim Übergang über das Hochjoch, noch schöner der Marcelgletscher am Wege über das Niederjoch. Überhaupt ist der letztere Weg weniger reich an Aussicht als das Hochjoch, doch an Aussichten aller Art bei weitem der vorzüglichere. Schon der Eintritt in das tief eingeschnittene Niederthal, den herrlichen Similaun im Hintergrunde bietet ein großes ganzes Bild wie wenige der benachbarten Thäler; die Höhle des Marcelferners, die schönste die ich je gesehen, der weit herab hängende Schweif des Teinferners gehören zu den schönsten P{unk}ten des Niederthals.

Die übrigen Thäler und Jöcher zeigen wohl beßer die Größe der Gletscher aber auch ~~ihre~~ *die endlose Oede dieser Gegenden tritt in ihrer todten Einförmigkeit überall entgegen. – Etwas verschieden ist allerdings das Gurglerthal, viel breiter und etwas mehr teraßenförmig ansteigend; Der große Oetzthaler, schon weit herab in Thal sichtbar, der* Rothmoosgletscher, *der Geis Ferner bieten große intereßante Formen. Zu den schönsten Tagen unseres Aufenthaltes in Gurgl gehörte unser Übergang über den grossen Oetzthaler-Gletscher, den die herrlichste Aussicht von seinem Firnmeere und ein lustiger Ritt über die Eisrinne herab schön beschloß. – Der Übergang über die Gletscher ist nicht so gefährlich als man gewöhnlich glaubt. Feste Stricke und gute Stöcke sind unerläßliche Bedingung. Steigeisen brauchten wir nie. Was den Übergang über die Gletscher in diesen Thälern noch besonders erleichtert ist der Umstand, daß der Weg den Gletscher nur am Schweife/: unterster Theil, hier Zunge genannt. :/ berührt, dann aber auf dem Ufer […] den Moränen sich hinzieht; erst in der Firnregion verläßt man wieder den festen Boden; practisch unterscheidet man hier sehr genau zwischen Firn und Gletscher, obwohl in der Sprache beide Begriffe in dem gemeinschaftlichen Namen Ferner zusammen geworfen werden. Ehe ich von den Gletschern dieser Thäler schließe muß ich noch auf eine sehr characteristische Eigenschaft aufmerksam machen; nemlich auf die Anlage zur Seebildung, die sich hier sehr oft wiederholt. Ist nemlich der Gletscher eines Thales so weit […] ausgedehnt, daß er sich in das Thalgebiet eines anderen Gt. erstreckt, so ist dem Waßer des letzteren […] die Alternative gestellt, durch den* ~~Gle~~ *Schweif des sperrenden Gletschers ruhig durchzufließen, wie am Marcel Ferner, Hintereis, Vernagt im gegwärtigen Zustande – oder* ~~est~~ *es staut sich das Waßer hinter dem Gletscher auf /: Rofnersee, Langthalersee :/ Und dieß sind die Veranlaßung zu den verheerenden Seeausbrüchen.*

Wichtiger als diese Gletscherberichte möchte wohl manchen einige Mittheilungen über die Berge dieser Gegend sein. […] wir wagtens und es gelang. Die Schneelähne hatten wir bald hinter uns am Firn fanden wir viele Klüfte, brachen auch zweimal ein, aber das gut befestigte Seil erlaubte uns den Uebergang immer wieder fortzusetzen so erreichten wir glücklich die andere Schneide des Rofen Kahrs, und erreichten nach manchen Anstrengungen theils mit der Härte des Firnes, vor allem mit dem fürchterli{ch}sten Winde kämpfend nach 8 Stunden die nördliche Spitze. Die südlichere war etwa 80' höher, wir hätten gerne auch diese noch erklommen, aber die unglaubliche Gewalt des Windes, die den körnigen troknen Hörnerschnee in ungeheuren Wolken aufhob, und dann wieder auf uns herabregnen ließ, verbun-

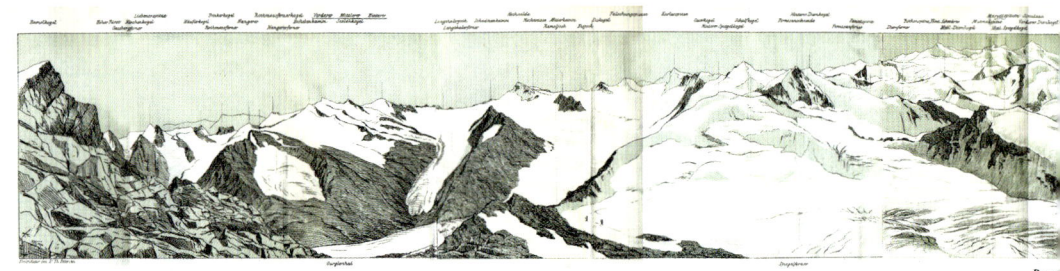

Abb. 6: Panorama der Oetzthaler Gruppe vom Ramolkogel 3545 m, 1876, von Georg Engelhardt.

den mit einer Temperatur von -[0,1]°C. machten alles Vorwärts Kommen unmöglich. Die Aussicht war unermeßlich, besonders nach Nordwesten u. Nordosten ungewöhlich rein.

Die Berge Tirols, Salzburgs, Baierns der Schweiz u. Italiens zeigten hier die Labyrinthe ihrer Reihen. –Doch ungeachtet dieser Pracht hielten wir nicht länger als eine halbe Stunde am Gipfel aus, und waren froh als wir weiter unten in einer Nische zusammengewehten Schnees ein windstilles Plätzchen für unser Hypsometer fanden /: Wir fanden die Stelle durch unseren Vertikalkreis 432' unter dem Gipfel.

Das Herabsteigen ging schnell aber nicht ohne Gefahr, an einer Stelle, die wir aufwärts ziemlich leicht erklommen konnten wir nur durch einen gewagten Sprung in den frischgefallenen Schnee herab kommen. Nach 4 Stunden 7 Uhr Abends erreichten wir aber […] aller Hinderniße ungeachtet unsers Führers gastliche Hütte. – Wir […] waren müde, besonders unser 16jähriger Bruder Eduard, aber keines wegs erschöpft, und so guten Muths, dass wir zur Besteigung eines jeden ähnlichen Berges nur neue Lust bekommen. Ob die Besteigung der Wildspitz im Allgemeinen anzurathen, wollte ich nicht direct bejahen, […] vollkommne Schwindelfreiheit u. öftere, vorhergegangene Übung sind unerläßliche Bedingung; die Erreichung des Gipfels wird aber gewiß keinen unbefriedigt laßen. /: Weniger lohnend aber auch […] kinderleicht gegen die Wildspitz, ist der Similaun zu besteigen; der wohl allen anzurathen ist, die sich gerne einmal Auf einem schönen Berge umzusehen Lust haben :/.

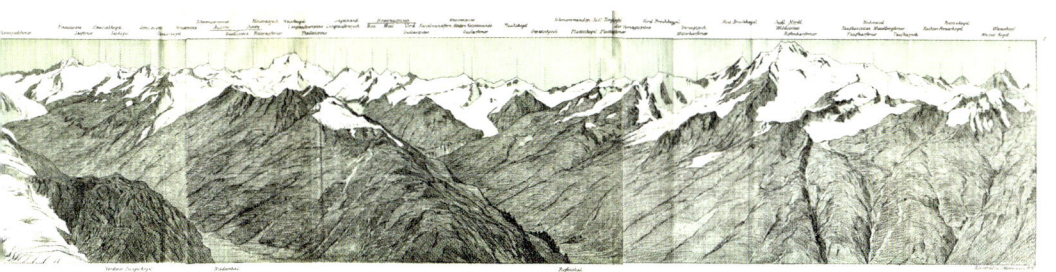

Wir fanden mit unserem Greiner'schen Hypsometer/:
Thermobarometer :/
Fend 5791 p. F. über der Meeresfläche
Similaun 11136 p. F.
Wildsp. 11489 p. F.

Schließlich müßen wir dem Herrn Curaten Fr. Arnold hier innigen Dank öffentlich aussprechen für die vielen Gefälligkeiten u. wohlwollenden Mittheilungen, die wir während unseres langen Aufenthaltes so reichlich genoßen. – Er war es vorzüglich der unsern Aufenthalt in diesem Thale ungeachtet aller Unfreundlichkeit […] seines Himmels und seiner Bewohner zu einem angenehmen u. fröhlichen umzuwandeln wußte.[14]

Friedrich Simony hingegen hielt sich in seinen Eintragungen von 1852 und 1855 äußerst kurz.

24. Septbr. Friedr. Simony k. k. Univ. Professor aus Wien, kommt von
Matsch über die Salurner Ferner und das Hochjoch.
Er dankt dem würdigen Hausherrn für die freundliche Aufnahme
und ausgezeichnete Bewirthung.[15]

---

14 Fremdenbuch von Vent, Band I, Eintragung 21. Sept. 1847.
15 Fremdenbuch von Vent, Band I, Eintragung 24. Sept. 1855.

In den Mitteilungen des Österreichischen Alpenvereins von 1863 veröffentlichte Simony in der Folge eine sehr fundierte Abhandlung seiner gewonnenen wissenschaftlichen Erkenntnisse während seiner Bergfahrten in die Ötztaler Gebirgskette.[16]

Abb. 7: Der Vernagt- und Guslarferner in den Ötzthaler Alpen, 1889–1910, Rudolf Reschreiter.

---

16   Mitteilungen des Österreichischen Alpenvereins 1863, 1–24.

Rudolf Reschreiter, Bergsteigermaler aus München und Chronist vieler Bergfahrten und Expeditionen, dokumentierte in vielen Bildern akribisch genau die hochalpinen Gletscherlandschaften. Die gezeigte Bilderfolge zeigt die Veränderung des Vernagt- und Guslarferners zwischen 1889 und 1910. (Abb. 7)

Pointierte Erzählungen einzelner Bergreisender wie die folgende von Anton von Ruthner berichten nicht nur von unerschrockenen Touristen, sondern heben im besonderen Maße die nicht zu unterschätzende Bedeutung von erfahrenen Bergführern hervor:

Am 16. August kam ich von Unser Frau in Schnals nach Vent, hauptsächlich in der Absicht von Rofen aus mit Nikodem Klotz, den Fernerkundigen, über den Gepatschferner in das Kaunerthal zu gehen und die Wildspitze zu ersteigen. Beide Pläne wurden wegen Ungunst der Witterung nicht ausgeführt und ich kann mich glücklich schätzen wenigstens <u>eine</u> große Expedition von hier aus im Jahre 1858 gemacht zu haben. Am 18. Aug. gieng ich nehmlich mit Nikodem Klotz der die Gepatschpartie wegen der Beschaffenheit des Schnees für nicht möglich an diesem Tage hielt und mit seinem Bruder Leander Klotz über das Firnmeer des Hochvernagt Ferners, am Urkundspitz ins Pitzthale hinab, dann über den Ferner am obersten Ende des Pitzthales und den Taschach Ferner nach Mittelberg und Plangeros im Pitzthale und am 19ten bei Plangeros über das Mittelberg-,Jöchle' und durch den Rettenbach nach Sölden und hierher zurück.
Die Gletscherreise des 18. Aug. gehört zu den dankbarsten für den Hochgebirgs- und insbesonders für den Gletscherfreund, erfordert aber einen unbedingt schwindelfreien und durch keine Gefahr der Gletscherklüfte und besonders das Hinabsteigens über Felsen zu erschütternden Bergsteiger.
Nikodem Klotz bewahrte seinen bekannten Scharfblick auf dem Gletscher so wie im Felsenlabyrinth der Urkundspitze und er und Leander waren wie immer ebenso kühne Bergsteiger als sorgsame Führer.
Heute am 22. August gehe ich nach Zwieselstein ab um morgen nach Sterzing zu gelangen und ich kann nicht von hier scheiden ohne hiermit dem Herrn Curaten für die höchst zuvorkommende Gastfreundschaft welche er mir während meines 6tägigen Aufenthaltes hier gewährt hat meinen besten Dank auszusprechen und

Abb. 8: Der Mittelbergferner, 1893 in der Darstellung von Zeno Diemer, bekannt durch das Riesenrundgemälde der „Schlacht am Bergisel".

auch der unermüdlichen Lise für die Sorgfalt zu danken mit der sie allen meinen Wünschen auf das Unverdrossenste nachgekommen ist.

Vent am 22. August 1858
Dr. Anton von Ruthner aus Wien[17]

Die Weichen zur Gründung des Alpenvereins wurden unter anderem in Vent gestellt, denn der Venter Widum war der zentrale Ort persönlicher Begegnungen, enthusiastischer Auseinandersetzungen und kreativer Entwicklungen einer Kultur des Bergerlebens, die einer verantwortungsvollen Organisation bedurfte.

Im November 1862 gründeten in der Akademie der Wissenschaften in Wien die drei Studenten Paul Grohmann, Guido von Sommaruga und Edmund von Mojsisovics mit Unterstützung von Anton von Ruthner, Friedrich Simony und Johann Josef Peyritsch den Oesterreichischen Alpenverein.

Wie uns die Einträge im Fremdenbuch zeigen,[18] hatten die meisten Gründungsmitglieder zu dem Zeitpunkt bereits ihren naturkundlichen Wissensdurst und ihre Bergabenteuerlust im Ötztal erprobt und ausgelebt.

Ihnen würden noch Massen folgen …

---

17 Fremdenbuch von Vent, Band I, Eintragung 22. Aug. 1858.
18 Herzlichen Dank an Frau Dr. Margit Hohenlohe für die Transkription des Fremdenbuches von Vent

Die Ötztaler Gletscher aus der Sicht von Jessie Louise Pitt: „Glacier 4" (2022) aus der bislang unvollendeten „Glacier Series"

Entdecken – Sehnen – Verlieren

Eine bewegte Geschichte der Wahrnehmung von Gletschern in der Moderne

Edith Hessenberger

In den vorangegangenen Beiträgen wurden vielfältige Aspekte der Wahrnehmung von Gletschern im Laufe der Jahrhunderte vorgestellt. Von den mitunter in Weidegebiete vorstoßenden, krachenden, sich wölbenden und zerreißenden Gletscherzungen in der frühen Neuzeit, die Eingang in die Ötztaler Sagen wie „Die drei wilden Fräulein am Ferner" oder „Tanneneh" fanden,[1] über die ersten technischen Skizzen als Grundlage für Überlegungen zum Schutz vor der Naturgefahr des Gletschersees bis hin zu Akten der Volksfrömmigkeit in Form von Gelöbnissen und Prozessionen zur Abwendung der Katastrophe und schließlich der Entdeckung der Gletscher- und Eiswelten als anziehende Wunderwelt für Reisende und Bergbegeisterte könnte der Blick auf die Ötztaler

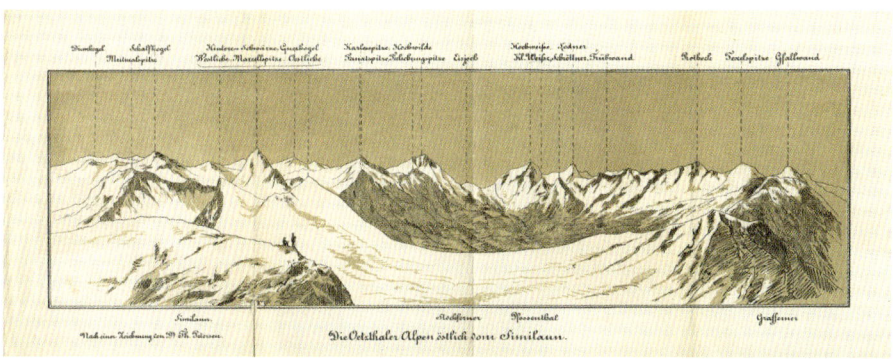

Abb. 1: Die Oetzthaler Alpen östlich von Similaun, Carl Theodor Petersen.

---

1   Haid 2004, 51–58.

Gletscher unterschiedlicher nicht sein. Dieser Beitrag widmet sich der Wahrnehmung und Interpretation dieser „faszinierenden Eisriesen"[2] seit dem Beginn der Moderne.

Das Entdecken: Die Wahrnehmung von Landschaft und Gletschern

Landschaft ist das große Thema der Kunst um 1800. Das Zeitalter der Romantik ist gekennzeichnet durch eine Sakralisierung von Landschaft, sie wird Gegenstand nahezu religiöser Andacht. Es beginnt das Zeitalter der Entdeckung der Hochgebirge und Meereslandschaften. Die erste Hälfte des 19. Jahrhunderts ist im aristokratischen und bürgerlichen Milieu geprägt von einer Begeisterung für pittoreske Gebirgslandschaften, die in der Kunst als Ideal bis weit in die Moderne hinein bestimmend bleiben und in der Folge auch den Alpentourismus stimulieren. Zunächst galten Gebirge den Menschen im außeralpinen Raum und in bürgerlichen Kreisen bis ins 18. Jahrhundert hinein als Schreckensorte, als Verkehrshindernisse und lebensfeindliche Räume.[3] Die Geschichte des Vernagtferners, dessen Vorstöße und die daraus folgenden Verwüstungen oder zumindest Bedrohungen schienen diesen urbanen Blick auf die Gebirge zu bestätigen. Doch lag gerade in diesen Schrecken die Vorbedingung für den Wahrnehmungs- und Deutungswandel alpiner Landschaften im 19. Jahrhundert. Die Idee des „Erhabenen", des gebannten und ästhetisierten Schreckens, bildete die Weichenstellung zum modernen Landschaftskult und Naturtourismus. Aus der furchteinflößenden Bergwelt wurde – zumindest in den Köpfen der Alpenreisenden – eine Postkartenidylle. Die Alpen erfuhren eine Neubewertung, definiert durch eine intellektuelle Elite. Die emotionale Überhöhung der Berge in der zusehends aufgeklärten, bürgerlichen Gesellschaft war zudem geprägt von dem Bedürfnis, die Natur zu beherrschen: ein Eintauchen in die Wildnis, einhergehend mit einer wissenschaftlich-rationalen Raumerschließung und Raumbeherrschung.[4]

---

2   Mit „faszinierenden Eisriesen" wirbt etwa die Österreich Werbung: https://www.austria.info/de/bewegung/winter/gletscher-unterwegs-in-der-weissen-stille [Zugriff am 8.2.2023].
3   Kurt Luger: Tourismus – Über das Reisen und Urlauben in unserer Zeit, Wiesbaden 2022, 72–73.
4   Luger 2022, 75.

Abb. 2: „Idealisierte" Darstellung von Obergurgl nach Charles Brizzi.

Das 19. Jahrhundert war nämlich auch das Jahrhundert des Messens und genauen Betrachtens von Landschaften. Panoramen wurden angefertigt, exakte Karten erstellt. Das Erwandern, Besteigen, Entdecken war immer auch ein Vermessen und Festhalten. „Auch wenn die Qualität der Zeichnungen nicht abschätzbar sei, ist es von ausserordentlichem Werth, dass neben dem Pickel auch der Stift geführt werde", lautete der Ratschlag des passionierten Bergsteigers und Zeichenlehrers Hermann Reinstein[5] unter dem Titel „Das Zeichnen auf Reisen. Zur Anleitung für Ungeübte" in der Zeitschrift des Deutschen und Österreichischen Alpenvereins 1888.[6]

---

5   Mitteilungen des DÖAV 1934, 139–140.
6   Reinstein 1888, 110–117.

Der Zeichenstift war in jenen Jahrzehnten Teil des Rüstzeugs für die Begegnung mit der Gebirgsnatur, vielleicht weniger zum Zweck der Gedächtnisstütze als vielmehr als Hilfsmittel zur Reduktion des Gesehenen auf das Maß des Vertrauten. Auch die Illustrationen in den alpinen Publikationen blieben noch lange einem romantischen Ideal verhaftet, es dauerte, bis sich die Darstellungen in das eigentliche Hochgebirge vortasteten und die sanften Talböden verließen, die über Jahrhunderte zwar vom Hochgebirge gerahmt waren, in den Gemälden aber stets mit großer Distanz dargestellt wurden.[7]

Mit der Annäherung an das Hochgebirge änderte sich auch die künstlerische Perspektive. Die Nachfrage nach guten Bildern, also plausiblen Schilderungen alpinistischer Naturerfahrung, stieg. Das Genre der „Berg(steiger)malerei" – wobei es sich hier mehr um einen alpinhistorischen als einen kunsthistorischen Begriff handelt – etablierte sich. Er bezeichnete das gesamte Spektrum vom mit Pinsel und Feder dilettierenden Alpinisten bis zu dem seine Kunst im Hochgebirge und aus Bergsteigerperspektive ausführenden akademisch Geschulten.

Dass hier mitunter unterschiedliche Zugänge und Bedürfnisse miteinander im Widerstreit lagen, zeigt der Disput rund um die Darstellung des sogenannten Kreuzspitz-Panoramas, das der Tourismuspionier Franz Senn in Auftrag geben wollte, um eine für alpinistische Zwecke brauchbare Überblickskarte für Vent anbieten zu können. Derart reliefgetreue Bergpanoramen waren in der Schweiz bereits fest etabliert, als Senn 1868 den Münchner Maler Charles Brizzi für eine ebensolche Panoramakarte beauftragte. Brizzi wird als schwärmerischer, abenteuerlustiger Kunstmaler beschrieben, der sich als unerfahrener Bergsteiger offenbar der gestellten Anforderungen zu wenig bewusst war und eine künstlerisch gefällige, überhöhte und die Landschaft nach seinem ästhetischen Ermessen „verbesserte" Panoramakarte erstellte. Diese war allerdings für alpinistische Zwecke völlig unbrauchbar und hatte harte Auseinandersetzungen zwischen Senn und Brizzi zur Folge. Senn entzog Brizzi den Auftrag und beauftragte im Jahr darauf die Berliner Zeichner Georg Engelhardt und Carl Jordan mit einem neuen Panorama, das schließlich auch als Chromolithographie 800-fach in Druck ging.[8]

---

7 Tschofen 1999, 241–242.
8 Oberwalder 2004, 28–29.

Ab den 1880er Jahren und bis zum Ersten Weltkrieg wurde das Genre der Bergmalerei vor allem mit einem Namen verbunden: Edward Theodore Compton (1849–1921). Es galt in Bergsteigerkreisen als höchste Auszeichnung, sich die Veröffentlichungen eigener Bergerlebnisse von diesem beliebten englischen Maler illustrieren zu lassen. „Man kann sagen, E. T. Compton hat schon um 1880 eine Darstellung gefunden, die bis heute als ‚richtig', als schön, als erinnernd und verlockend gelten kann", heißt es im Katalog des Alpinen Museums München.[9] Ein gutes Beispiel für diesen Trend gibt ein Bericht von 1889, in dem „Der Thalschluss des Sulzthales"[10] nach einer Skizze von A. v. Pallocsay von E. T. Compton gezeichnet wurde, in diesem Falle einmal mehr überhöht und zeitgenössischen ästhetischen Ansprüchen entsprechend „verbessert", sodass wir heute kaum den Talschluss des im Ötztal gelegenen Sulztales erkennen.

Abb. 3: „Der Thalschluss des Sulzthales" nach einer Skizze von A. v. Pallocsay gez. von E. T. Compton 1889.

---

9   Zebhauser/Trentin-Mayer 1996, 153.
10 „Der Thalschluss des Sulzthales" nach einer Skizze von A. v. Pallocsay gez. von E. T. Compton, in Zeitschrift des DÖAV 1889.

Abb. 4: Der Gepatschgletscher gegen den Fluchtkogel, 1910–1917 gemalt von Rudolf Reschreiter.

Ein weiterer Landschaftsmaler, der ein umfangreiches Konvolut an alpinen Studien und Berglandschaften hinterließ, war der Münchner Rudolf Reschreiter (1868–1939). Auch Reschreiter, der aus gutbürgerlichem Hause stammte, war leidenschaftlicher Alpinist, und ungeachtet ausbleibender größerer Erfolge dokumentierte er mit großer Liebe zum Detail prächtige alpine Landschaften, Gletscherzungen, Bergseen und Panoramen. Der Höhepunkt seines Schaffens war wohl 1902 die Reise mit dem Forscher Hans Meyer nach Ecuador, wo er den Chimborazo und Cotopaxi bestieg. Meyer hielt über Reschreiter in seinem Expeditionsbuch fest, dass sein Begleiter, im Sumpf sitzend von Stechmücken umschwärmt, tapfer malte, bei der Besteigung des Cotopaxi 1.600 Stufen ins Eis schlug und trotz Schneewirbeln ein Temperabild zu Ende brachte; oder dass ihm ein ausgehungerter Köter die Farbe von der Palette gefressen habe.[11] Es ist diese Mischung aus alpinistischen Fähigkeiten, fanatischem Willen und künstlerischem Können, die die Bergmaler jener Jahrzehnte kennzeichnete. Auch in den Ötztaler Alpen malte Reschrei-

---

11 Schemmann 1987, 123 f.

ter fleißig und hinterließ eine Reihe beeindruckender Dokumentationen alpiner Gletscherlandschaften.

Häufig wurden die (in diesem Fall ausschließlich männlichen) Künstler in jenen Jahrzehnten von wissenschaftlichen Teams um Begleitung angesucht. Eine Gruppe von Forschern rund um den bayerischen Geodäten Sebastian Finsterwalder beschäftigte sich mit der fotogrammetrischen Dokumentation des Vernagtferners. Von 1889 bis 1928 entstand so eine Serie von Aufnahmen, die den langsamen Rückzug (und gelegentlichen Vorstoß) des für seine außergewöhnlichen Schwankungen berühmten Gletschers detailliert festhielt. Für das 1911 eröffnete Alpine Museum in München beauftragte Finsterwalder Rudolf Reschreiter, etwa 50 Gemälde nach seinen Messbildern anzufertigen – in Farbe und bereinigt von den Markierungen für die wissenschaftliche Auswertung (siehe das Titelbild im Beitrag von Franz Jäger in diesem Buch, S. 78). Reschreiter erfüllte diese Aufgabe gewissenhaft und bewies mit einer Draufgabe Humor: Unter dem augenzwinkernden Titel „Vorstoß und Rücklauf des Vernagtferners beobachtet von Prof. Dr. S. Finsterwalder am 31. Juni 1911 von 11h 60 min bis 12 h, aufgenommen von Rudolf Reschreiter" fertigte er eine Serie von Karikaturen an, die die unterschiedlichen Zugänge des Geodäten und des Malers reflektiert: Anders als Finsterwalder, der dem Gletscher in der Darstellung mit wissenschaftlichen Instrumenten zu Leibe rückt und dafür verspeist und wieder ausgespuckt wird, bleibt der Maler im Vordergrund von diesem Vorgang gänzlich unbeeindruckt.[12]

---

12 Schrey 2021.

Abb. 5–12: Die bedrohliche Gletscherwelt wird beforscht, vermessen und verschluckt schließlich den Forscher, während der Maler in kritischer Distanz und unbeteiligt mit seiner Arbeit fortfährt. Karikatur des Vernagtferner von Rudolf Reschreiter, 1911.

Das Sehnen: Gletscher und Tourismus

Die bildenden und literarischen Kunstschaffenden der europäischen Romantik überzogen, was zuvor wild und furchtbar gewesen war, mit einem weichen Schleier und tauchten Naturlandschaften in ein warmes, stimmungsvolles Licht. Die schrecklichen Alpen wurden aus bürgerlich-städtischer Perspektive zu schaurig-schönen Landschaften. Je bedrückender die moderne Arbeitswelt und die Lebensumstände in den Städten wurden, desto sehnsuchtsvoller wurde der Blick auf die vermeintlich paradiesischen Räume der Bergwelt. Die durchschnittlichen Alpenreisenden jener Zeit, in etwa Mitte des 19.

Jahrhunderts, beschränkten sich darauf, die Berge vom sicheren Tal aus zu betrachten.¹³ Aussichtspunkte, garniert mit Pavillons und Bänken, Panoramawege ohne große bergsteigerische Anforderungen kennzeichneten Ferienmoden der „Sommerfrischler". Die auf die romantische Ästhetik eingestellten Gäste fanden im Tal genügend Erbauliches. Vor der Kulisse des Gebirges als grandioses Naturschauspiel, in dem die einheimischen Menschen als „edle Wilde" reizende Statistinnen und Statisten abgaben, hatte man keine Entbehrungen zu fürchten und lebte hervorragend in den Sommerfrische-Gasthöfen

---

13   Rohrer 2003, 44.

oder Hotels, mit etwas zeitlicher Verspätung zu den frühen Sommerfrische-Destinationen wie Meran oder Belle-Époque-Luxus-Hotels in der Schweiz boten in Oetz ab dem Ende des 19. Jahrhundert etwa das „Posthotel Kassl" oder das „Hotel 3 Mohren" diesen Gästen eine mondäne Bleibe.

Abb. 13: Der Lüsener Ferner, auf Stein gezeichnet von F. Wolf, 1840.

Auch für zahlreiche Kunstschaffende wurden Tirol und das Ötztal zu einer Fundgrube für reizende Motive. Vermögende Auftraggeber wie der habsburgische Erzherzog Johann und Kaiser Ferdinand sandten Künstler aus, um von den schönsten Ansichten der Monarchie Veduten anzufertigen. Zu den herausragendsten Beispielen aus dem Ötztal zählen hier die Aquarelle Thomas Enders, die bereits im Beitrag von Gernot und Ilse Patzelt angesprochen und abgebildet wurden (siehe Abb. 12–16, S. 49–51). Verlage bestellten Zeichnungen und Stiche von den „vorzüglichsten mahlerischen Gegenden

Abb. 14: „Der Große Oetzthaler Ferner" (Gurgler Ferner), fotografiert von Gustav Jägermayer 1884.

von Tyrol", sie illustrierten Bücher und Zeitschriften und reproduzierten ein Idyll, das bis heute den touristischen Blick prägt.[14]

Ein hervorragendes Beispiel für jene Zeit gibt das Fotoalbum „Tyrol Septentrional et Contrées limitrophes. Voyage de 1872, 1874 & 1886"[15], das vom Salzburger Verlag Karl Friedrich Würthle produziert wurde und ein Abbild der wichtigsten Destinationen Tirols in jener Zeit gibt. Die Ötztaler Gletscher werden bereits ausführlich behandelt: Hier fotografierte im Auftrag des Verlags Würthle der Wiener Fotopionier Gustav Jägermayer (1834–1901), der 1884 in Obergurgl und Vent fantastische Ansichten der Ötztaler Gletscher auf Albuminpapier anfertigte.[16]

---

14 Rohrer 2003, 45.
15 Zu Deutsch: „Tirol und Nachbarn. Reisen von 1872, 1874 & 1886", Sammlung Hans Jäger, Turmmuseum Oetz.
16 Hessenberger 2022, 33.

Abb. 15: Das Kaunertal in der Darstellung des Historienmalers Karl von Blaas, 1891.

Abb. 16: Bereits bedeutend näher am Hochgebirge: Eduard Uhliks Darstellung der Wildspitze, undatiert.

Abb. 17: Der Nassereither Künstler Leopold Scheiring studierte den Grieser Ferner im Detail, um 1920.

Abb. 18: „Mittelberg", Pastell 1903. Der Wiener Künstlerin Emilie Mediz-Pelikan lag weniger am alpingeografischen Detail als vielmehr an einer Betrachtung der Natur als symbolhaftes Spiegelbild des Menschen.

Die Gletscher der Ötztaler Alpen blieben um die Jahrhundertwende attraktives Ziel für Landschaftsmaler und Landschaftsmalerinnen. In der Freilichtmalerei ging die Leidenschaft für die Bergmalerei eng einher mit der Leidenschaft des Bergsteigens, und mit dem aufkommenden Tourismus und der erhöhten Mobilität der Gesellschaft nahm die Zahl an Gletscherdarstellungen unterschiedlichster Qualität zu.

Ein Einblick in die Sammlung des Oetzer Kunstliebhabers Hans Jäger kann hierzu mannigfaches Beispiel geben. Eine große Zahl an Landschaftsgemälden zeigt Gletscherlandschaften aus den Ötztaler Alpen, angefertigt von Kunstschaffenden aus Tirol oder den benachbarten Regionen, die Ende des 19. Jahrhunderts in hoher Qualität arbeiteten, es aufgrund der raschen und vielfältigen Weiterentwicklung der (Landschafts-)Malerei in den Zentren künstlerischen Schaffens allerdings nie zu großer Berühmtheit brachten. Schöne Beispiele für „solide" Gletscherdarstellungen jener Zeit (und aus der Sammlung Hans Jäger) liefern etwa die Arbeiten des aus Nauders gebürtigen Historien- und Genremalers Karl von Blaas (1815–1894), die Rotmoosferner-Darstellung des oberösterreichischen Malers Eduard Uhlik (1865–1952) oder Arbeiten des Nassereither Malers Leopold Scheiring (1884–1927) mit seiner Darstellung des Sulzbachferners im Ötztal. Wenngleich Angehörige unterschiedlicher Generationen, kennzeichnet ihre Arbeiten ein vergleichsweise klassischer Zugang zur alpinen Hochgebirgslandschaft. Diesen drei Werken gegenübergestellt wird eine Pastell-Arbeit der oberösterreichischen Malerin Emilie Mediz-Pelikan (1861–1908), die zur selben Zeit das Gletschervorfeld des Mittelbergferners in Kreide umsetzte und dabei einen mystisch-naturphilosophischen Zugang wählte, wie er das Schaffen symbolistischer Kunst jener Zeit prägt. Die Unterschiede in der Interpretation alpiner Landschaften sind augenfällig.

Der künstlerische Blick auf die vergletscherten Berge wird vielfältiger – und nicht zuletzt politisch. Das dokumentiert etwa auch eine Postkarte, die vom Maler Emil Hansen (1867–1956) gestaltet wurde, der sich später nach seinem Geburtsort Nolde benannte. Inspiriert durch lokale Sagen und Märchen interpretierte er einzelne Bergformationen als Charaktere mit humoristischem Akzent. Die ersten Bergpostkarten entstanden 1894, sie stießen auf enorme Begeisterung und begründeten den Erfolg des Künstlers, der 1897 eine erste Auflage von 100.000 Karten innerhalb von zehn Tagen ausverkauft sah. Seine Bergpostkarten-Serie, in die aus den Ötztaler Alpen das Duo „Weißkügelchen und Wildspitz" Eingang fand, wurde 1899 auf der Internationalen

Abb. 19: Postkarte „Weißkügelchen und Wildspitz", Emil Nolde 1897.

Ansichts-Postkarten-Ausstellung in Nizza mit der goldenen Medaille prämiert.[17] In seiner Haltung zeigte der begabte Künstler Emil Nolde wenig Mut,[18] er positionierte sich deutsch-national und unterstützte in den 1930er Jahren das NS-Regime, das den Alpinismus verherrlichte und nicht zuletzt politisch vereinnahmte.

Wie ideologisch aufgeladen in jenen Jahren der Blick auf die alpine Gletscherwelt aus alpinistischer Perspektive war, dafür gibt etwa Walther Flaig (1893–1972) ein Beispiel.[19] Der fanatische Bergsteiger und deutsch-nationale Alpenpublizist nimmt in sei-

---

17 Moeller 2006, 56.
18 Emil Nolde war Verfechter der Überlegenheit „germanischer Kunst", ab 1935 Mitglied der NSDAP und schreckte auch vor der Denunziation jüdischer Malerkollegen nicht zurück. Dass seine Kunst kurze Zeit später von den Nationalsozialisten als „entartete Kunst" abgelehnt wurde, diente Nolde als Grundlage für das Leugnen seiner politischen Haltung in den Nachkriegsjahren sowie der Selbst-Inszenierung als Opfer.
19 Flaig war ab 1933 Mitglied der NSDAP, er verfasste unzählige Bücher und Berg-Reiseführer und war zeitlebens unangefochtener Sachbuchautor in seinem Metier. Ein Zurechtrücken seiner politischen Haltung, besonders im Kontext seiner Literatur, erfolgte erst nach seinem Tod.

nem 1938 veröffentlichten „Gletscher-Buch" ausführlich Bezug auf die Besonderheiten und die Forschungsgeschichte der Ötztaler Gletscher und spricht von Gletschern als einer „Weltmacht":

Die Eiszeit ist die Wiege der Menschheit, nein, mehr als das, sie ist auch die Wiege und Ursache ihrer unerhörten Aufwärtsentwicklung als weiße Rasse. Der Kampf ums Dasein trieb und drängte den Menschen, die Macht über seine Umwelt und damit über sich selbst zu erringen oder unterzugehen. Die Macht über uns selbst aber ist es, die uns die Kraft verleiht, an und in uns selbst zu wachsen, die uns den herrlichen Mut gibt, kühn nach den Sternen zu greifen. Gletschereis – eine Weltmacht! Wer zweifelt noch daran?[20]

So vielfältig wie die (künstlerischen) Perspektiven auf die alpine Gletscherwelt waren auch die Motive, sich ins Hochgebirge zu begeben. Mit wachsender Bedeutung des Skisports ab 1900 entwickelte die Wahrnehmung verschneiter Berge eine neue Intensität. Am 10. Januar 1911 kam es, angeregt durch das Vorbild anderer Orte wie St. Anton, Kitzbühel und Innsbruck, zur Gründung des „Ski-Club Gurgl". Damit begann sich in Obergurgl sowie überhaupt im hinteren Ötztal ein Zweisaisonentourismus zu etablieren. Sportliche Wettkämpfe, etwa der 1922 erstmals ausgetragene 30-km-Lauf, der auch durch das Rotmoostal führte und später den Namen „Gurgler Gletscherrennen" erhielt, trugen in der Zwischenkriegszeit zur Bekanntheit Obergurgls als Wintersportzentrum bei.[21]

Ab 1925 begann der Wintertourismus zu boomen, der zunächst noch mangels wintertauglicher Quartiere wenigen finanzstarken Gästen vorbehalten geblieben war. Obergurgl und Sölden überholten das bislang beliebte Vent.[22] Dazu trug sicherlich 1931 ein einzelnes Ereignis maßgeblich bei, das weltweit die Gurgler Gletscher medienwirksam ins Bild brachte. Die Notlandung des belgischen Physikers Auguste Piccard nach sei-

---

20 Flaig 1938, 38.
21 Meixner/Siegl 2010, 28.
22 Pinzer 2008, 100.

Abb. 20: Postkarte der „Ballongondel Prof. Piccards am Gurglerferner", 1931.

Abb. 21: Die Gletscher werden zum Werbeträger für das Ötztal. Tourismusplakat aus den 1930er Jahren.

nem rekordbrechenden Flug mit der Stratosphärenkugel, der auf der Zunge des Gurgler Ferners nicht weit von Obergurgl sein Ende fand, wirkte als massiver touristischer Impuls, insbesondere auf dem internationalen Markt. Radio, Printmedien und Fernsehen waren binnen kürzester Zeit zur Stelle und verbreiteten Bilder des spektakulären vergletscherten Ötztaler Hochgebirges.[23] Die Gletscher etablierten sich als touristische Attraktion, mit ihnen wurde fortan um die breite Masse geworben.

Am 14. März 1948 wurde in Obergurgl der erste Skilift des gesamten Ötztals als Bügellift mit einer Länge von 300 m in Betrieb genommen. Der Ausbau der touristischen Infrastruktur erreichte sechs Jahre später, 1954, mit der Errichtung des damals höchsten Skiliftes in Österreich, vom Gaisberg (2.050 m) zur Hohen Mut (2.669 m) seinen ersten Höhepunkt. Der damals wegen des wunderbaren Panoramas auf die umliegenden Gletscher auch als „Gletscherlift" bezeichnete Sessellift wies eine Länge von 1.350 m und eine Beförderungskapazität von 220 Personen per Stunde auf.[24]

20 Jahre später wurden im Ötztal auch die Gletscher selbst für den Skibetrieb erschlossen: 1971 wurde mit dem Bau der 13 km langen Gletscherstraße zum Rettenbachferner begonnen, im Juni 1975 konnte der erste Schlepplift am Gletscher in Betrieb genommen werden. Bis 1978 gingen am Rettenbachferner fünf weitere Liftanlagen in Betrieb. Das Skigebiet wurde in den darauffolgenden Jahrzehnten beständig ausgebaut, an die touristischen Bedürfnisse angepasst und 1998 an das Winterskigebiet in Sölden angeschlossen. 1993 wurde das erste Weltcuprennen in Sölden am Gletscher veranstaltet,[25] dieses Event sollte fortan fixer Bestandteil des Ötztaler Tourismusmarketings sein und alljährlich bereits im Herbst das Image von Schneesicherheit und Skitourismus von höchster Qualität in die Welt tragen. Bislang nicht umgesetzt wurde die Vision einer Verbindung der Gletscherskigebiete im Pitz- und im Ötztal, an der die Projektverantwortlichen in beiden Tälern ungeachtet der nicht abebbenden Kritik, der Widerstände durch Naturschutzverbände oder auch durch ablehnende Abstimmungen in den betrof-

---

23 Verkehrsamt Obergurgl 1981.
24 Meixner/Siegl 2010, 29.
25 Ötztal Tourismus: Geschichte der Bergbahnen Sölden. Siehe: https://www.soelden.com/de/winter/skigebiet/bergbahnen-soelden/geschichte-bergbahnen-soelden.html [Zugriff am 17.2.2023].

Abb. 22: Szene aus dem Gletscherschauspiel Hannibal am Rettenbachferner.

fenen Gemeinden festhalten.[26] Bereits 1950 wurde in der beliebten kleinen Talkunde und Tourismusschrift „Ötztal. Eiswelt – Wunderwelt" gleich im Vorwort festgehalten, was bis heute da und dort Haltung im Ötztal zu sein scheint: „Hier fängt die Natur noch nicht knapp zu werden an, kein Naturschutzverein ist nötig, um die königliche Schönheit dieses Juwels unter den Tälern Tirols gegen Unverstand zu beschützen."[27]

Dabei ist gerade die königliche Schönheit der Ötztaler Gletscher ein wichtiges Kapital für die Tourismusregion. Auf ihre größtmögliche Inszenierung setzt daher auch das „Gletscherschauspiel Hannibal", im Rahmen dessen 500 Darstellerinnen und Darsteller inklusive Pistenbullys, Flugzeugen, Helikoptern jeden April die Alpenquerung Hannibals am Rettenbachferner interpretieren und ein Publikum von bis zu 8.000 Menschen ins Hochgebirge locken. Provokation ist dabei Teil des Programms, wie der Homepage zu entnehmen ist,[28] und wenig überraschend polarisiert das „Gletscherschauspiel" jedes Jahr aufs Neue. Auf der einen Seite stehen Begeisterung ob der Opulenz der Performance und der spektakulären Landschaft, auf der anderen Seite die Kritik ob der lauten und PS-starken Inszenierung im sensiblen Hochgebirgsraum und Bedenken hinsichtlich des Naturschutzes. Vor dem Hintergrund eines immer deutlicher spürbaren Klima-

---

26 APA: Statt Gletscherehe neue Ausbaupläne. Siehe: https://tirol.orf.at/stories/3195074/ [Zugriff am 20.2.2023].
27 Pfeifer 1950, 3.
28 Ötztal Tourismus: Hannibal Gletscherschauspiel. Siehe: https://www.soelden.com/hannibal-gletscherschauspiel [Zugriff am 17.2.2023].

wandels und der rasanten Gletscherschmelze werden die Symbolsprache und Zeitgemäßheit des Spektakels zunehmend hinterfragt.

Das Verlieren: Gletscher im Blick zeitgenössischer Kunst

Aus der Faszination für Gebirgspanoramen, kulissenhafte Landschaften und dramatische alpine Szenen entwickelte sich im Laufe des 20. Jahrhunderts ein neuer Zugang. In der zeitgenössischen Kunst wurde die Hochzeit der „Bergmalerei" verabschiedet, denn ein bloßes Abbilden und Inszenieren alpiner Landschaften in ihrer Schönheit oder Schrecklichkeit war nicht mehr das, was Kunstschaffende bewegte.

Künstlerinnen und Künstler Ende des 20. Jahrhunderts übten sich in ihren Darstellungen nunmehr in der Reduktion, fokussierten auf das in ihren Augen Wesentliche in Hinblick auf sowohl alpine Landschaften als auch auf Gletscherdarstellungen. Beispiel geben dafür eine Arbeit des Imster Malers Elmar Kopp (1929–2020), der das Fließen und die Bewegung von Gletschern in Form einer Radierung mit wenigen Strichen und am Beispiel des Taschachferners umsetzte. In völlig anderer Form geht Nino Malfatti (*1940), der seinen Lebensmittelpunkt in Berlin und in Sautens hat, mit dem Gletschereis um. Malfatti hat sich nach einer intensiven Phase im Sinne eines „Neuen Realismus" vor zwei Jahrzehnten auf die Darstellungen von Fels und Gebirgslandschaften spezialisiert.[29] Zentrale Elemente seiner Arbeit sind das Sezieren der Qualität von Fels und Eis und nicht zuletzt die Komposition unterschiedlicher Materialitäten, die er in ihrer Ursprünglichkeit darzustellen sucht. Im Kern steht die Suche nach der Reduktion auf das Wesentliche, nach der Struktur,[30] ein hervorragendes Beispiel gibt hier das „Wildspitz-Panorama" auf S. 77 in diesem Buch. Doch weiß Nino Malfatti seine Kunst auch mit Humor zu verbinden, was nicht zuletzt zahlreiche Bildtitel, sondern auch ein Serie von Gletscherstudien, die mit stürzenden und scheinbar tanzenden Kulturrelikten kombiniert werden, deutlich machen.

---

29 Dankl 2021, 14.
30 Interview mit Nino Malfatti am 23.8.2021.

Abb. 23: „Taschachferner" von Elmar Kopp 1980.

Abb. 24: „Beziehungsweise", Öl auf Leinwand, von Nino Malfatti 1983.

Abb. 25: „I'll stop the world to melt with you. Rettenbachgletscher" von Hannah Philomena Scheiber, 2022.

Die Ötztaler Künstlerin Hannah Philomena Scheiber (*1991) wuchs in Obergurgl auf und hat in ihren Arbeiten vorrangig das Gebirge im Blick. Blaue (Schnee-)Landschaften dominieren ihr Schaffen, wobei es ihr nicht um eine reine Ästhetik der Landschaftskomposition geht. Licht und Schatten sind die zentralen Kategorien in ihren Arbeiten, sie wirken in der Reduktion und im Kontrast. Scheiber wählt für ihre Arbeiten häufig Ultramarinblau „als Farbe des kostbaren Erhabenen".[31] Die Erhabenheit liegt jedoch nicht immer im großen Ganzen, sondern häufig im Detail, wie im Gemälde „I'll stop the world to melt with you. Rettenbachgletscher" deutlich wird sowie in Scheibers seriellen Arbeiten mit geschmolzenem Eis oder der Darstellung zeitgenössischer industrieller alpiner Landschaften in Form von Lawinengalerie-Hängen.[32]

---

31 Scheiber 2022.
32 Scheiber 2017.

Abb. 26: „Vernagtferner" von Konrad Henker, 2019.

Der in Dresden lebende Künstler Konrad Henker (*1979) nähert sich den Ötztaler Gletschern auf empirische Art und Weise: Mehrere Wochen lebte er im Winter in selbstgebauten Iglus auf über 3.000 m Höhe und sammelte dort Eindrücke für sein künstlerisches Schaffen. Im Rahmen zweier längerer Aufenthalte in den Ötztaler Alpen fand er zahlreiche Motive für seine Landschaftsbilder.[33] Die Strapazen nimmt der Künstler in Kauf, um die Berge mit ihren Gletschern und schneebedeckten Gipfeln direkt einfangen zu können, denn im Winter seien die Berge „grafischer, anregender, abstrakter und gewaltiger". Henkers Ziel ist der „lebendige Blick", der sich in das Wesen und den Charakter der Berge hineinfühlt. Inmitten der klirrenden Kälte setzt der Künstler mit einer Radiernadel seine Eindrücke auf eine Zinkplatte und bringt viele Wochen später das Gesehene und Erlebte zu Papier.[34]

---

33   Hebecker 2010, 14–16.
34   Kuhnert 2009, 16.

Abb. 27: *Ein Werk im Entstehen: Papierfahnen im Atelier von Gitti Schneider, 2023.*

Die Innsbrucker Malerin Gitti Schneider (*1958) nähert sich dem Thema Gletscher dreidimensional: Sie ist fasziniert von Schneeschichten, der sich über die Zeit zu Eis verdichten und dem Gletscher analog zum Wachstum der Bäume Jahrringe verleihen. Schneider arbeitet vorzugsweise auf japanischem Maulbeerbaum-Papier. So wie die Zeit Ereignisse zu Erinnerungen macht, legen sich in ihren Arbeiten die Papierschichten übereinander und referieren so auf das Wachsen des Gedächtnisses, das wie die Menschheitsgeschichte im Eis eingefroren ist.[35]

Jessie Louise Pitt (*1975) widmet sich in ihren Arbeiten ebenfalls den höchsten Regionen alpiner Landschaften. Die gebürtige Australierin und Wahl-Ötztalerin lebt seit fast 20 Jahren in Tirol und verknüpft hier ihr künstlerisches Schaffen eng mit der Kraft, Dynamik und Intensität hochalpiner Landschaftsdramatik. Jessie Pitts Arbeiten nehmen

---

35 Interview mit Gitti Schneider am 2.2.2023.

Abb. 28: „Connection Project" im Rotmoostal, Jessie Louise Pitt, 2022.

im Hochgebirge ihren Anfang und viele finden nach der Fertigstellung wieder ihren Weg dorthin, wo sie sich als Installation in jene Landschaft einfügen, in der sie ihren Ursprung nahmen. Pitt arbeitet derzeit an einer Serie von Gletscher-Darstellungen, eine Arbeit aus dieser Serie ist am Eingang dieses Beitrags abgebildet. Jessie Pitts Landschaftsmalerei – vorwiegend in Acryl, Graphit und Kohle auf Leinwand umgesetzt – ist im Kern ein Statement, das an die enge Verbindung der Menschen zur Erde, aus der sie kamen, erinnern soll: ein Plädoyer für Verantwortung gegenüber der Natur, Empathie für die bedrohte Tierwelt sowie eine Erinnerung an die Veränderlichkeit von Landschaft, aber auch die Vergänglichkeit unserer Gesellschaft.[36]

In diesem Beitrag konnten längst nicht alle zeitgenössischen Arbeiten zu den Ötztaler Gletschern abgebildet werden. Der Bildhauer Christian Ruschitzka wilderte im Sep-

---

36   Interview mit Jessie Louise Pitt am 16.1.2023.

tember: 2021 „Zuchtgletscher" in Obergurgl aus,[37] die bildende Künstlerin Elisabeth Eiter ummantelte im Projekt „Dem Ferner näher" Gletscher-Eisbrocken mit Gips, um Abformen als Momentaufnahmen zu erhalten, oder entwickelte im Projekt „An einem klaren Tag" Freskomalereien aus Gletscherschliff vom Taschachferner,[38] die Künstlerin Nicole Weniger beschäftigte sich im Projekt „Wolkenmenschen" mit dem Menschen, der eingehüllt in seine Geotextilien als vermeintlicher „Hüter der Landschaft" die Gletscher über den Sommer abdeckt um sie zu „schützen".[39] Und wird der Blick über den Rand der Ötztaler Alpen hinaus gehoben, so geraten zahlreiche weitere faszinierende und neue künstlerische Auseinandersetzungen mit dem Thema Gletscher ins Blickfeld. Wenig überraschend verdichten sich die Verknüpfungen von Gletscherlandschaft mit dem Thema Klimawandel, besonders in jüngster Zeit, da Gletscherschmelze und Klimaerwärmung virulenter und spürbarer werden.

Abb. 29: „Wolkenmenschen" auf dem Stubaier Gletscher, von Nicole Weniger, 2020.

---

37 Günter Scheide 2021.
38 Eiter 2021.
39 Weniger 2022.

Abb. 30: „Shroud" von Simon Norfolk und Klaus Thymann, 2018.

Viele Kunst-Schaffende, ebenso wie Wissen-Schaffende oder Landwirt-Schaffende warnen davor, die (nicht nur am Beispiel der Gletscher) augenfälligen, durch den menschengemachten Klimawandel hervorgerufenen Veränderungen zu ignorieren. Und es kann 2023 nicht anders sein, als diesen Beitrag und zugleich dieses Buch, das sich der Geschichte der Gletscher in den letzten vier Jahrhunderten widmet, mit einem Statement abzuschließen. Ausnahmsweise darf dies abschließend mit dem Blick über die Ötztaler Alpen hinaus geschehen, nämlich mit einem Verweis auf eine beeindruckende Arbeit der Künstler Simon Norfolk und Klaus Thymann, die in Thermo-Vliese gehüllte Bereiche des Rhône-Gletschers fotografierten: Wie dies auf vielen Gletschern der Fall ist, hatte man versucht, mithilfe von Vliesen eine Eisgrotten-Touristenattraktion zu erhalten. Norfolk und Thymann fotografierten das Ergebnis und erstellten eine Wärmebild-Zeitraffer-Aufnahme der Gletscherschmelze. Der Titel des Projekts „Shroud" bezieht sich auf den schmelzenden Gletscher unter seinem Todesmantel, zugleich sollen die finanziellen Aspekte als treibende Kräfte der menschlichen Anpassung an den Klimawandel angesprochen werden.[40] Das gleichermaßen faszinierende wie bewegende Foto vom verhüllten Rhône-Gletscher soll abschließend mit einem Zitat des Psychiaters und Psychotherapeuten Reinhard Hallers umrahmt werden, wenn er unserer Gesellschaft ein „Titanic-Syndrom" attestiert: Abgeleitet von der unsinkbar geltenden, und dennoch 1912 gesunkenen Titanic, beschreibt dieses Syndrom ein absurdes, weil jeglicher Grundlage entbehrendes Gefühl der eigenen Unverletzlichkeit: „Im narzisstischen Gefühl des Hoch- und Übermuts werden reale Gefahren nicht erkannt und analog dem ‚Tanzen bis zum Untergang' vollkommen verdrängt. Was anderes ist unser Umgang mit Umwelt und natürlichen Ressourcen?"[41]

---

40 Project Pressure 2023.
41 Haller 2013, 58.

Abbildungsnachweise

Inhaltsverzeichnis

Abb.: https://www.bing.com/maps (Zugriff am 13.4.2023)

Vorwort

Titelbild: Sammlungen Alpenverein-Museum · Archiv des Österreichischen Alpenvereins.

Fischer: Wie der forschende Blick auf die Gletscher unsere Sicht auf die Welt änderte

Titelbild: Foto: Martin Stocker-Waldhuber.
Abb. 1: Foto: Martin Stocker-Waldhuber.
Abb. 2: Hess 1904 (siehe Literaturverzeichnis).
Abb. 3: Foto: Andrea Fischer.
Abb. 4: Sammlungen Alpenverein-Museum · Archiv des Österreichischen Alpenvereins.
Abb. 5: Sammlung Hermann Lunger, Längenfeld.
Abb. 6: Blümcke und Hess 1899 (siehe Literaturverzeichnis).
Abb. 7: Förtsch and Vidal 1956a (siehe Literaturverzeichnis).
Abb. 8: Land Tirol: www.data.tirol.gv.at.
Abb. 9: Foto: Andrea Fischer.
Abb. 10: Foto: Martin Stocker-Waldhuber.
Abb. 11: Fotos: Gerhard Markl, Andrea Fischer.

Ortsregister

Aletschgletscher 84
Armelen 86, 96

Bayern 42, 89
Berlin 66, 124, 138, 154
Bockkogelferner 39, 49

Chiemsee 95
Chimborazo 140
Cotopaxi 140

Dresden 156

Gaisberg 152
Genf 82
Gepatschferner 130, 140
Grieser Ferner 147
Gurgl / Gurgltal / Gurgler Ferner / Gurgler Gletscher / Gurgler Eissee 27, 37, 38, 39, 40, 41, 42, 46, 47, 48, 49, 50, 54, 55, 56, 57, 58, 59, 64, 73, 74, 76, 80, 85, 87, 103, 104, 105, 106, 107, 119, 120, 126, 127, 145, 150, 151, 152
Guslarferner 41, 43, 52, 59, 60, 69, 89, 130

Hintereisferner 16, 17, 22, 23, 24, 25, 26, 32
Hochjochferner (auch: Hochjochgletscher) 22, 29, 38, 55, 121, 126, 129

Hohe Mut 152
Hohe Wildspitze bei Vent 122
Hohe Tauern 26
Hoher Dachstein 20
Huben 102, 116

Imst 96
Innsbruck (auch: Insprugg) 40, 80, 91, 92, 105, 116
Inntal 95, 99, 113, 119, 120

Kaunertal (auch: Kaunerthal) 131, 146
Kesselwandferner 14, 16, 18, 24, 26, 31
Kitzbühel 150

Längenfeld (auch: Längenfelt) 64, 86, 87, 90, 94, 96, 101, 102, 115, 116
Langtal / Langtaler Ferner 40, 42, 48, 51, 54, 56, 120
Langtalereck-Hütte 39, 41
London 42, 57

Marzellferner (auch: Marcelferner / Marcelgletscher) 36, 126, 127
Meran 42, 87, 121, 144
Mittelberg / Mittelbergferner 106, 131, 132, 147, 148

Patzelt: Gletscherbilder aus dem Ötztal

Titelbild: Sammlung Jäger, Ötztaler Museen.

Abb. 1: Der Vernagtferner und der Eisstausee im Rofental im Jahre 1601, nach „anzaigen" des Hofbauschreibers Abraham Jäger angefertigt. Federzeichnung. TLMF 7218.

Abb. 2: Der Vernagtferner am 16. Mai 1678. Aquarell von einem namentlich unbekannten Kapuzinerpater. TLMF 3631.

Abb. 3: Der Vernagtferner 29. Mai 1679. Tuschzeichnung von Sebastian Schmuckh. TLA Hofreg. Reihe G, Fasz. Nr. 112, 5.6.1679.

Abb. 4: Der Vernagtferner am 15. Juli 1681. Aquarellierte Federzeichnung von Martin Gumpp. TLMF Dip. 1039.

Abb. 5: Der Gurgler Ferner mit dem Eisstausee im Jahre 1771. Federzeichnung von Joseph Walcher. In: Nachrichten von den Eisbergen in Tyrol, 1773.

Abb. 6: Der Vernagtferner und der Eisstausee im Jahre 1771. Federzeichnung von Joseph Walcher. In: Nachrichten von den Eisbergen in Tyrol, 1773.

Abb. 7: Der Gurgler Ferner im Jahre 1802. Aquarell von Jakob Gauermann. TLMF, Graphische Sammlung G 6.

Abb. 8: Das Zungenende des Gurgler Ferners im Jahre 1803. Aquarell von Ferdinand Runk. Kupferstichkabinett der Akademie der bildenden Künste Wien, Inv. Nr. HZ 5208.

Abb. 9: Der Gurgler Ferner im mittleren Zungenabschnitt im Jahre 1803. Geländeskizze von Ferdinand Runk. Kupferstichkabinett der Akademie der bildenden Künste Wien, Inv. Nr. HZ 5279.

Abb. 10: Halbpanorama vom Gurgler Ferner (rechts), Eissee (Bildmitte) und Langtaler Ferner (links) im Jahre 1803. Geländeskizze von Ferdinand Runk. Kupferstichkabinett der Akademie der bildenden Künste Wien, Inv. Nr. HZ 5207.

Abb. 11: Der Gurgler Ferner in den 1830er Jahren. Lithografie von Carl Frommel. Atelier C. Frommel. Aus: Tyrol Scenery after Paintings by C. Frommel Esq., Director of the Grand Gallery at Carlsruhe W. French, London.

Abb. 12: Der Bockkogelferner (Bildmitte) und Sulztalferner (rechts unten), 1844. Aquarell von Thomas Ender. Sammlung Erzherzog Johann, EhJ 670. Privatbesitz.

Abb. 13: Der Vernagtferner, 1844. Aquarell von Thomas Ender. Sammlung Erzherzog Johann, EhJ 772. Privatbesitz.

Abb. 14: Der Rotmoosferner, 1844. Aquarell von Thomas Ender. Sammlung Erzherzog Johann, EhJ 632. Privatbesitz.

Abb. 15: Der Gurgler Ferner mit dem Eissee, 1844. Aquarell von Thomas Ender. Sammlung Erzherzog Johann, EhJ 668. Privatbesitz.

Abb. 16: Eisstausee im Langtal und Zungenende des Langtaler Ferners, 1844. Aquarell von Thomas Ender. Sammlung Erzherzog Johann, EhJ 783. Privatbesitz.

Abb. 17: Die aus dem Firngebiet vorstoßende Gletscherzunge des Vernagtferners im Jahre 1845. Zeichnung von Leonhard Liebener. Privatbesitz.

Abb. 18: Das anwachsende Zungenende des Vernagtferners mit dem zufließenden Guslarferner und der entsprechenden Mittelmoräne im Jahre 1845. Zeichnung von Leonhard Liebener. Privatbesitz.

Abb. 19: Das bis zur Zwerchwand vorgerückte Zungenende des Vernagtferners mit dem gestauten Eissee im Jahre 1845. Zeichnung von Leonhard Liebener. Privatbesitz.

Abb. 20: Das Zungenende des Vernagtferners an der Zwerchwand im Jahre 1845. Zeichnung von Leonhard Liebener. Privatbesitz.

Abb. 21: Der Gurgler Ferner während des neuzeitlichen Höchststandes um 1855/60. Bildautor unbekannt. Sammlung Hans Jäger, Ötztaler Museen.

Abb. 22: Die gestrandeten Eisschollen und der nahezu vollständig ausgeflossene Eissee im Langtal Aquarell von Bildautor W. Lehmann ‚Eissee in dem Ötztaler Ferner'. Quelle und Aufnahmejahr unbekannt. Sammlung Erzherzog Johann, EhJ 22/1236. Privatbesitz.

Abb. 23: Die steil aufgeschobene Eisbarriere des Gurgler Ferners mit dem Eissee während des Maximalstandes, 1852. Stahlstich von Friedrich Würthle. TLMF, W 10957.

Abb. 24: Die Gletscherzungen von Vernagt-, Hintereis- und Hochjochferner im Rofental im Jahre 1852. Halbpanorama von Friedrich Simony (Ausschnitt). In: Mittheilungen des Österreichischen Alpen-Vereines, erstes Heft, Wien 1863.

Abb. 25: Das zerfallende Zungenende des Gurgler Ferners, 1865. Aquarellierte Bleistiftzeichnung von Anton Ziegler. TLMF, W 9532.

Abb. 26: Der Gurgler Ferner (rechts) Eissee (Mitte) und Langtaler Ferner (links), 1867. Halbpanorama von Anton Sattler. ÖNB Kartensammlung und Globenmuseum, Vues IV 77342.

Abb. 27: Der Gurgler Eissee nach dem Halbpanorama von Anton Sattler, in der Veröffentlichung von Anton von Ruthner im Jahre 1869.

Abb. 28: Der Gurgler Ferner mit Seitengletschern am Schalfkogel im Jahre 1868. Photographie von William England (London). Album: Tyrol Septentrional et Contrées Limitrophes. Voyages 1872, 1874, 1886. Sammlung Hans Jäger, Ötztaler Museen.

Abb. 29: Eisschollen und Reste des Eissees im Jahre 1869. Stereoaufnahme von Ernest Lamy (Paris). Privatbesitz G. P.

Abb. 30: Der Gurgler Ferner im Jahre 1873. Photographie von B. Johannes, Partenkirchen. Nr. 88. Privatbesitz G. P.

Abb. 31: Der Gurgler Ferner mit Seitengletschern am Schalfkogel im Jahre 1884. Photographie von Gustav Jägermayer. Nr. 1706. Privatbesitz G. P.

Abb. 32: Zungenende des noch zusammenhängenden Vernagt- und Guslarferners mit der ausschmelzenden Mittelmoräne im Jahre 1883. Bleistiftzeichnung von Eduard Richter. Archiv, Österr. Alpenverein, Innsbruck.

Abb. 33: Vernagt- und Guslarferner mit der Mittelmoräne im Jahre 1884. Nach einer Photographie gezeichnet von Theodore Compton im Jahre 1885. Zeitschrift d. D. u. Ö. Alpenvereins 1885.

Moser-Ernst: Der Blick, der Gletscher und das Bild

Titelbild: Foto: Sybille Moser-Ernst am 31.1.2023 (oben); MUMOK Wien (unten).

Abb. 1: Franz Richard Unterberger, Ötztal, Öl auf Holz, 49 x 73 cm, sign. links unten, Dommuseum Brixen, Sammlung Siegfried Unterberger.

Abb. 2: Foto: Sybille Moser-Ernst am 27.1.2023.

Abb. 3: Thomas Ender, Der Fernak-Ferner bei Fend, im Hintergrunde des Ötzthales, 1844. Aquarell, 302 x 533 mm (Österr. Privatbesitz).

Abb. 4: Leonhard von Liebener, „Vernagt Gletscher von der Höhe des Plattei-Berges aufgenom[m]en", 13. Juni 1845. Bleistiftzeichnung, 209 x 272 mm (Österr. Privatbesitz).

Abb. 5: Josef Marchesani, Gletschermaul (Pitztaler Gletscher), Öl/Lwd., um 1920 – 30. Sammlung Hans Jäger, Ötztaler Museen.

Abb. 6–7: Foto: Sybille Moser-Ernst am 31.1.2023.

Abb. 8: Der Gurgler Eissee, nach der Natur gezeichnet von Anton Sattler, Chromolithografie v. Conrad Grefe, 1869. Sammlung Hans Jäger, Ötztaler Museen.

Abb. 9: Urkund- und Wildspitze, Zeichnung von Carl Brizzi, Lithographie von C. Bollmann. Sammlung Hans Jäger, Ötztaler Museen.

Abb. 10: Karl Friedrich Würthle, Der Ötztaler Ferner gesehen vom Gurgl See, u. li.: gez. u. gest. F. Würthle 1852 / 55.

Abb. 11: Nino Malfatti, Wildspitz-Panorama, 1997. Sammlung Hans Jäger, Ötztaler Museen.

Jäger: Der Vernagtferner – der Dämon des Ötztales

Titelbild: Sammlungen Alpenverein-Museum · Archiv des Österreichischen Alpenvereins.

Abb. 1: Sammlung Hans Jäger, Ötztaler Museen.

Abb. 2: Deutsches Knabenbuch. Stuttgart 1899.

Abb. 3: Sammlungen Alpenverein-Museum · Archiv des Österreichischen Alpenvereins.

Gstrein: Ein Wettlauf mit dem Wasser

Titelbild: Sammlungen Alpenverein-Museum · Archiv des Österreichischen Alpenvereins.

Raich: Wissensdurst schafft Bergeslust

Titelbild: Rudolf Reschreiter, Bewegung einer Gletscherspalte, um 1900, Aquarell/Karton, B 15,5 x H 27,5 cm,
Sammlungen Alpenverein-Museum . Archiv des Österreichischen Alpenvereins.

Abb. 1: Thomas Ender, Der große Gurglerferner im Langtal, 1876, Aquarell/Karton, H 27,5 x L 95,5 cm, OeAV Kunst 203, Sammlungen Alpenverein-Museum · Archiv des Österreichischen Alpenvereins.

Abb. 2: Conrad Grefe nach Friedrich Simony, Die Hohe Wildspitze bei Vent, 1869, N. d. Nat. gez. v. Prof. Simony / Chromolith. v. C. Grefe; Blattmaß: B 22,4 x H 15 cm, OeAV Kunst 3083. Sammlungen Alpenverein-Museum . Archiv des Österreichischen Alpenvereins.

Abb. 3: Rudolf Reschreiter, Im Eisbruch des Taschachferners, 1900, Zeichnung / Aquarell / Gouache / Karton, Maße: mR B 81,5 x H 52 cm, OeAV Kunst 2660, Sammlungen Alpenverein-Museum · Archiv des Österreichischen Alpenvereins.

Abb. 4: Stereoskopie „Partie am Ötztaler Gletscher", Bibliothek des Tiroler Landesmuseum Ferdinandeum.

Abb. 5: Fremdenbuch von Vent, Band 1, 1845–1867, OeAV HS 15.2, Sammlungen Alpenverein-Museum · Archiv des Österreichischen Alpenvereins.

Abb. 6: ENGELHARD Georg, Panorama der Oetzthaler Gruppe vom Ramolkogel 3545 m, 1876, Lithographie In Zeitschrift des DuOeAV 1876 Ötztal, Sammlungen Alpenverein-Museum. Archiv des Österreichischen Alpenvereins.

Abb. 7: Rudolf Reschreiter, Der Vernagt- u. Guslarferner in den Ötzthaler Alpen 1889–1910, Aquarell / Guache /Karton, Maße mR B 118 x H 125 cm, OeAV Kunst 2658, Sammlungen Alpenverein-Museum · Archiv des Österreichischen Alpenvereins.

Abb 8: Zeno Diemer, „Absturz des Mittelbergferners vom Wege zur Braunschweiger Hütte", 1893, Tempera / Aquarell auf Papier, Maße: 32 x 47 cm, mit Rahmen 38 x 53 cm, Sign. u. re.: „M. Zeno Diemer 1893", OeAV Kunst 3106, Sammlungen Alpenverein-Museum · Archiv des Österreichischen Alpenvereins.

Hessenberger: Entdecken – Sehnen – Verlieren

Titelbild: Sammlung Jessie L. Pitt, Längenfeld.
Abb. 1: Sammlungen Alpenverein-Museum · Archiv des Österreichischen Alpenvereins.
Abb. 2: Sammlung Rupert Pischl, Telfs.
Abb. 3: Zeitschrift des DÖAV 1889.
Abb. 4: Sammlungen Alpenverein-Museum · Archiv des Österreichischen Alpenvereins.
Abb. 5–12: Sammlungen Alpenverein-Museum · Archiv des Österreichischen Alpenvereins.
Abb. 13: Sammlung Hans Jäger, Ötztaler Museen.
Abb. 14: Sammlung Hans Jäger, Ötztaler Museen.
Abb. 15–18: Sammlung Hans Jäger, Ötztaler Museen.
Abb. 19: Sammlung Hans Jäger, Ötztaler Museen.
Abb. 20: Archiv Gedächtnisspeicher, Ötztaler Museen.
Abb. 21: Sammlung Hans Jäger, Ötztaler Museen.
Abb. 22: Foto: Ernst Lorenzi.
Abb. 23: Sammlungen Alpenverein-Museum · Archiv des Österreichischen Alpenvereins.
Abb. 24: Sammlung Nino Malfatti, Berlin.
Abb. 25: Sammlung Hannah Philomena Scheiber, Telfs.
Abb. 26: Sammlung Ötztaler Museen.
Abb. 27: Foto: Edith Hessenberger.
Abb. 28: Foto: Jessie L. Pitt.
Abb. 29: Foto: Nicole Weniger.
Abb. 30: Foto: Klaus Thymann.

Literaturverzeichnis

Anich, Peter / Hueber, Blasius: Atlas Tyrolensis, Innsbruck 1774.

Behringer, Wolfgang: Kulturgeschichte des Klimas. Von der Eiszeit bis zur globalen Erwärmung, München 2009.

Blümcke, Adolf / Hess, Hans: Untersuchungen am Hintereisferner, in: Wissenschaftliche Ergänzungshefte zur Zeitschrift des Deutschen und Österreichischen Alpenvereines. I. Bd, 2. H., München 1899, o. S.

Bohleber, Pascal: Alpine ice cores as climate and environmental archives. In: Oxford Research Encyclopedia of Climate Science, Oxford 2019.

Böhme, Hartmut: Das Steinerne. Anmerkungen zur Theorie des Erhabenen aus dem Blick des „Menschenfremdesten", in: Pries, Christine (Hg.): Das Erhabene. Zwischen Grenzerfahrung und Größenwahn, Weinheim 1989, 119–141.

Brückner, Wolfgang: Drache. Kulturgeschichte und Volkskunde des späteren Mittelalters, in: Lexikon des Mittelalters, Bd. 3. Stuttgart u. a. 1999, 1343 f.

Busch, Werner: Die Naturwissenschaften als Basis des Erhabenen in der Kunst des 18. und frühen 19. Jahrhunderts, in: Jahrbuch des Historischen Kollegs 2004, München 2005, 83–109.

Compagno, Loris / Eggs, Sarah / Huss, Matthias / Zelkollari, Harry / Farinotti, Daniel: Brief communication: Do 1.0, 1.5, or 2.0 °C matter for the future evolution of Alpine glaciers? In: The Cryosphere, 15 (2021) 2593–2599.

Dankl, Günther: Nino Malfatti – Strukturen des Wesentlichen. Anmerkung zu einer Ausstellung, in: vorarlberg museum (Hg.): Nino Malfatti. Künstler im Gespräch No. 13. Bregenz 2021, 10–15.

Daxelmüller, Christoph: Dämon, Kulturhistorisch, in: LThK, Freiburg 1995, 4.

Egg, Erich: Tirolische Nation 1790–1820. Katalog zur Landesausstellung im Tiroler Landesmuseum Ferdinandeum, Innsbruck 1984.

Engelhardt, Christian Moritz: Naturerscheinungen, Sittenzüge und wissenschaftliche Bemerkungen aus den höchsten Schweizer-Alpen, besonders in Süd-Wallis und Graubünden, Paris/Strassburg 1840.

Falkner, Christian: Sagen aus dem Ötztal, in: Ötztaler Buch, Schlern-Schriften, Nr. 229, Innsbruck 1963, 114–177.

Finsterwalder, Sebastian: Der Vernagtferner. Seine Geschichte und seine Vermessung in den Jahren 1888 und 1889, Graz 1897.

Fischer, Andrea / Helfricht, Kay / Stocker-Waldhuber, Martin: Local reduction of decadal glacier thickness loss through mass balance management in ski resorts, in: The Cryosphere, 10 (2016), 2941–2952.

Fischer, Andrea / Mayer, Christoph: The History of Glaciology in the Inner Ötztal Alps, in: Fowler, Andrew / Ng, Felix (Hg.): Glaciers and Ice Sheets in the Climate System, 2021, 497–517.

Fischer, Andrea / Patzelt, Gernot / Achrainer, Martin / Groß, Günther / Lieb, Gerhard Karl / Kellerer-Pirklbauer, Andreas / Bendler, Gebhard: Gletscher im Wandel. 125 Jahre Gletschermessdienst des Alpenvereins, Berlin / Heidelberg 2018.

Fischer, Andrea / Stocker-Waldhuber, Martin / Frey, Martin / Bohleber, Pascal: Contemporary mass balance on a cold Eastern Alpine ice cap as a potential link to the Holocene climate. Sci Rep 12, 1331 (2022).

Fischer, Andrea / Vuković, Magdalena: Visual Proof: How Glacier Photography Shows Us the Reality of Climate Change, in: Neumüller, Moritz (Hg.): The Routledge Companion to Photography, Representation and Social Justice, o. O. 2023, o. S.

Flaig, Walther: Das Gletscher-Buch, Leipzig 1938.

Förtsch, Otto / Vidal, Helmut: Glaziologische und glazialgeologische Ergebnisse seismischer Messungen auf Gletschern der Ötztaler Alpen 1953/54, in: Zeitschrift für Gletscherkunde und Glazialgeologie, 3 (1956a), 145–169.

Förtsch, Otto / Vidal, Helmut: Vorausberechnung des Rückganges der Ostalpengletscher. Veranschaulicht am Hintereisferner (Ötztaler Alpen), in: Zeitschrift für Gletscherkunde und Glazialgeologie, 3 (1956b), 171–180.

Fröhling, Anja: Literarische Reisen ins Eis. Interkulturelle Kommunikation und Kulturkonflikt, Würzburg 2005.

Glaser, Rüdiger: Kleine Eiszeit, in: Jaeger, Friedrich (Hg.): Enzyklopädie der Neuzeit, Bd. 6, Stuttgart u. Weimar 2007, 767–771.

Gstrein, Franz Josef: Überlieferte Begebenheiten aus dem Ötztal in Tirol. Gesammelt und erzählt von Franz Josef Gstrein, Bauer in Ötz (Veröffentlichungen des Turm-Museums-Vereins Oetz, Bd. 1), Oetz 1929.

Gwercher, Franz: Das Oetzthal in Tirol. Eine statistisch-topographische Studie, Innsbruck 1886.

Haid, Hans: Mythos Gletscher, Innsbruck 2004.

Haller, Reinhard: Die Narzissmusfalle. Anleitung zur Menschen- und Selbstkenntnis Salzburg 2013.

Hartinger, Walter: Religion und Brauch, Darmstadt 1992.

Hebecker, Susanne: Raumgewalt und Resonanz – Zum grafischen Schaffen Konrad Henkers, in: Städtische Galerie ada Meiningen (Hg.): Konrad Henker, Meiningen 2010, 9–21.

Hess, Hans: Der Hintereisferner 1893–1922. Ein Beitrag zur Lösung des Problems der Gletscherbewegung, in: Zeitschrift für Gletscherkunde 13 (1924), 145–203.

Hess, Hans: Die Gletscher, Braunschweig 1904.

Hessenberger, Edith: Fotografische Zeitreise durch Tirol. Frühe Fotografie und alpiner Tourismus am Beispiel des Fotoalbums „Nordtirol und Nachbarn" aus dem Atelier K. F. Würthle (1872–86), Innsbruck 2022.

Hirn, Joseph: Erzherzog Ferdinand II. von Tirol. Geschichte seiner Regierung und seiner Länder, Innsbruck 1885.

Hohenauer, Gottfried: Gottfried von Liebener, der Tiroler Geologe und Mineraloge, Straßen- und Brückenbauer, in: Veröffentlichungen des Tiroler Landesmuseums Ferdinandeum, 49 (1969), 79–100.

Hoinkes, Herfried / Steinacker, Reinhold: Hydrometeorological implications of the mass balance of Hintereisferner, 1952–53 to 1968/69, in: IAHS-AISH Publ., 104 (1975), 144–149.

Hoinkes, Herfried: Methoden und Möglichkeiten von Massenhaushaltsstudien auf Gletschern, in: Zeitschrift für Gletscherkunde und Glazialgeologie, 6 (1970), 37–90.

Hueber, Adolf: Die gefährlichsten Gletscher von Tirol, eine geschichtliche Skizze, Innsbruck 1906.

Hutter, Manfred: Drache, Religionsgeschichtlich, in: Lexikon für Theologie und Kirche, Bd. 3. Freiburg u. a. 1995, 357 f.

Isler, Gotthilf: Die Sennenpuppe. Eine Untersuchung über die religiöse Funktion einiger Alpensagen, Basel 1971.

Jäger, Franz: Gletscher und Glaube. Katastrophenbewältigung in den Ötztaler Alpen einst und heute, Innsbruck/Wien/Bozen 2019.

Jensen, Jürgen: Kirchliche Rituale als Waffen gegen Dämonenwirken und Zauberei. Ein Beitrag zu einem Komplex von Schutz- und Abwehrritualen der Katholischen Kirche des 17. und 18. Jahrhunderts in Italien unter besonderer Berücksichtigung systematisch-ethnologischer Gesichtspunkte, Berlin 2007.

Kant, Immanuel: Kritik der Urteilskraft (1790), hg. v. Wilhelm Weischedel, Frankfurt a. M, ²1996.

Kant, Immanuel: Kritik der Urteilskraft und Schriften zur Naturphilosophie 2 (Kant Werke in Zwölf Bänden, Bd. 10, hg. v. W. Weischedel, Theorie-Werkausgabe Suhrkamp), Wiesbaden 1957.

Kinzel, Hans: Die Darstellung der Gletscher im Atlas Tyrolensis von Peter Anich und Blasius Hueber (1774), in: Mitteilungen der Geologischen Gesellschaft in Wien (Klebelsberg-Festschrift), 48 (1956), 89–104.

Kuhn, Michael / Dreiseitl, Ekkehard / Hofinger, S. / Markl, Gerhard / Span, Norbert / Kaser, Georg: Measurements and Models of the Mass Balance of Hintereisferner, in: Geografiska Annaler: Series A, Physical Geography 81 (4) (1999), 659–670.

Kürzeder, Christoph: Als die Dinge heilig waren. Gelebte Frömmigkeit im Zeitalter des Barock, Regensburg 2005.

Lechthaler, Alois: Geschichte Tirols, Innsbruck u. a. 1970.

Lentner, Joseph Friedrich: Malerische Ansichten von Süd- und Nordtirol, Salzburg 1852.

Luger, Kurt: Tourismus – Über das Reisen und Urlauben in unserer Zeit, Wiesbaden 2022.

Lüthi, Max: Aspekte der Blümlisalpsage, in: Schweizerisches Archiv für Volkskunde, 76 (1980), 229–243.

Matsche-von Wicht, Betka: Der Landschaftsmaler Ferdinand Runk (1764–1834). Katalog zur Ausstellung Ferdinand Runk, Landesmuseum Schloß Tirol, Meran 1999.

Meixner, Wolfgang / Siegl, Gerhard: Historisches zum Thema Gletscher, Gletschervorfeld und Obergurgl, in: Alpine Forschungsstelle Obergurgl (Hg.): Glaziale und periglaziale Lebensräume im Raum Obergurgl, Innsbruck 2010, 13–29.

Moeller, Magdalene: Emil Nolde. Die Bergpostkarten, München 2006.

Nicolussi Kurt: Bilddokumente zur Geschichte des Vernagtferners im 17. Jahrhundert, in: Zeitschrift für Gletscherkunde und Glazialgeologie, Band 26, Heft 2 (1990), 97–119.

Nicolussi, Kurt: Wiederholte Seeausbrüche. Zur Geschichte des Vernagtferners, in: Mitteilungen des Österreichischen Alpenvereins 49 (1994), 18–19.

Nicolussi, Kurt: Zur Geschichte des Vernagtferners – Gletschervorstöße und Seeausbrüche im vergangenen Jahrtausend, in: Koch, Eva-Maria; Erschbaumer, Maria (Hg.): Klima, Wetter, Gletscher im Wandel, Innsbruck 2013, 69–94.

Niehr, Herbert: Drache, Biblisch, in: Lexikon für Theologie und Kirche, Bd. 3. Freiburg u. a. 1995, 358.

Noe, Heinrich: Tirol und Vorarlberg. Naturansichten und Gestalten, Glogau 1876.

Noflatscher, Heinz: Heilig wie lang? Religion und Politik im vormodernen Tirol, in: Der Schlern. Monatszeitschrift für Südtiroler Landeskunde, 72 (1998), Heft 3, 358–375.

Oberwalder, Louis: Franz Senn, ein Gründerschicksal, in: Oberwalder, Louis / Mailänder, Nicholas / Haid, Hans / Fliri, Franz / Haßlacher, Peter (Hg.): Franz Senn. Alpinismuspionier und Gründer des Alpenvereins, Innsbruck 2004, 8–69.

Osterhammel, Jürgen: Die Verwandlung der Welt. Eine Geschichte des 19. Jahrhunderts, München 2009.

Patzelt, Gernot: Gletscher. Klimazeugen von der Eiszeit bis zur Gegenwart, Berlin 2019.

Patzelt, Gernot: Gletscherbericht 1984/85, in: Mitteilungen des Österreichischen Alpenvereins, Jahrgang 41 (110), Heft 2 (1986), 4–8.

Patzelt, Gernot: Gletscherbericht 1990/91, in: Mitteilungen des Österreichischen Alpenvereins, Jahrgang 46 (116), Heft 2 (1992), 17–22.

Patzelt, Gernot: Neue Ergebnisse der Spät- und Postglazialforschung in Tirol, in: Jahresbericht der Österreichischen Geografischen Gesellschaft, Zweig Innsbruck, 1976/77, Innsbruck 1980, 11–18.

Pausch, Oskar: „Ein noch zu hebender Schatz". Der Salzburger Alpenzeichner Anton Sattler (1846–1883), in: Mitt(h)eilungen der Gesellschaft für Salzburger Landeskunde, 152 (2012), 321–371.

Pfeifer, Emil Armin: Ötztal. Eiswelt – Wunderwelt, Innsbruck ²1950 vorgestellt, vor 1950.

Pfister, Christian: Klimageschichte der Schweiz 1525–1860. Das Klima der Schweiz von 1525–1860 und seine Bedeutung in der Geschichte von Bevölkerung und Landwirtschaft, Bd. 1, Bern 1988a.

Pfister, Christian: Klimageschichte der Schweiz 1525–1860. Das Klima der Schweiz von 1525–1860 und seine Bedeutung in der Geschichte von Bevölkerung und Landwirtschaft, Bd. 2, Bern 1988b.

Pichler, Adolf: Im Ötztale, in: Adolf-Pichler-Gemeinde (Hg.): Adolf Pichler. Ausgewählte Werke, Bd. 2, Leipzig o. J.

Pinzer, Beatrix / Pinzer, Egon: Ötztal. Landschaft, Kultur, Erholungsraum, Innsbruck 2008².

Pötner, Hans-Otto / Roberts, Debra C. / Masson-Delmotte, Valérie / Zhai, Panmao / Tignor, Melinda / Poloczanska, Elvira / Mintenbeck, Katja / Alegría, Andrés / Nicolai, Maike / Okem, Andrew / Petzold, Jan / Rama, B. / Weyer, Nora Marie: IPCC Special Report on the Ocean and Cryosphere in a Changing Climate Cambridge University Press, Cambridge, UK and New York, NY, USA (2019), 73–129.

Reinstein, Hermann: Das Zeichnen auf Reisen. Zur Anleitung für Ungeübte, in: ZsDÖAV 19 (1888), 110–117.

Richter, Eduard: Urkunden über die Ausbrüche des Vernagt- und Gurgler Gletschers im 17. und 18. Jahrhundert. In: Forschungen zur deutschen Landes- und Volkskunde, Bd. 6, Stuttgart 1892, 345–440.

Riedmann, Josef: Geschichte Tirols, Wien ²1988.

Rohrer, Josef: Zimmer frei. Das Buch zum Touriseum, Meran 2003.

Roßmäßler, Emil Adolf: Die Geschichte der Erde. Eine Darstellung für gebildete Leser und Leserinnen, Preslau ²1863.

Rott, Helmut: Analyse der Schneeflächen auf Gletschern der Tiroler Zentralalpen aus Landsat-Bildern, in: Zeitschrift für Gletscherkunde und Glazialgeologie, 12/1 (1977), 1–28.

Ruppen, Peter Joseph (Hg.): Die Chronik des Thales Saas, für die Thalbewohner, Sitten 1851.

Ruthner, Anton von: Aus Tirol. Berg- und Gletscherreisen in den österreichischen Hochalpen. Neue Folge, Wien 1869.

Scheiber, Hannah Philomena: Licht und Schatten, Imst 2022.

Scheiber, Hannah Philomena: The Chronology of Water (2014–2017), Innsbruck 2017.

Schemmann, Christine: Schätze & Geschichten aus dem Alpinen Museum Innsbruck, Starnberg 1987, siehe auch: [https://www.gailerfineartchiemsee.de/unsere-kuenstler/rudolf-reschreiter] (Zugriff am 10.2.2023).

Simony, Friedrich: Beitrag zur Kunde der Oetzthaler Alpen (mit Panoramen). In: Mitteilungen des österreichischen Alpenvereines, Wien 1863.

Sonklar Edler von Innstädten, Karl: Die Oetzthaler Gebirgsgruppe, mit besonderer Rücksicht auf Ortographie und Gletscherkunde nach eigenen Untersuchungen, Gotha 1860.

Srbik, Robert von: Die Gletscher des Venter Tales, in: Deutscher Alpenverein, Zweig Mark Brandenburg (Hg.): Das Venter Tal, München 1939, 37–55.

Steinitzer, Alfred: Das Land Tirol. Geschichtliche, kultur- und kunstgeschichtliche Wanderungen, Innsbruck 1922.

Steinitzer, Alfred: Der Alpinismus in Bildern, München 1924.

Stocker-Waldhuber, Martin / Fischer, Andrea / Helfricht, Kay / Kuhn, Michael: Long-term records of glacier surface velocities in the Ötztal Alps (Austria), in: Earth Syst. Sci. Data, 11 (2019), 705–715.

Stolz, Otto: Anschauung und Kenntnis der Hochgebirge Tirols vor dem Erwachen des Alpinismus, in: Zeitschrift des Deutschen und Österreichischen Alpenvereins, 58 (1927), 8–36.

Stotter, Michael: Die Gletscher des Vernagtthales in Tirol und ihre Geschichte, Innsbruck 1846.

Tinkhauser, Georg: Topographisch-historisch-statistische Beschreibung der Diözese Brixen mit besonderer Berücksichtigung der Kulturgeschichte und der nach vorhandenen Kunst- und Baudenkmale aus der Vorzeit, Bd. 3, Brixen 1886.

Trientl, Adolf: Ein Gang nach Gurgl, Mittheilungen des Österreichischen Alpen-Vereins, Wien 1864.

Tscheinen, Moritz: Walliser-Sagen, Bd. 1, Sitten 1872.

Tschofen, Bernhard: Berg – Kultur – Moderne. Volkskundliches aus dem Alpen, Wien 1999.

Verkehrsamt Obergurgl: Am 27. Mai 1931 landeten Professor Auguste Piccard und Ingenieur Paul Kipfer auf dem Großen Gurgler Ferner bei OberGurgl im Tiroler Oetztal, Obergurgl 1981.

Vuković, Magdalena (Hg.): Von wunderbarer Klarheit: Friedrich Simonys Gletscherfotografien, 1875–1891, Wien 2019.

Wagnon, Patrick u. a.: Gletscher. Deutsche Ausgabe, Darmstadt 2008.

Walcher, Joseph: Nachrichten von den Eisbergen in Tyrol, Wien 1773.

Wild, Martin / Gilgen, Hans / Roesch, Andreas / Ohmura, Atsumo / Long, Charles N. / Dutton, Ellsworth G. / Forgan, Bruce / Kallis, Ain / Rusak / Viivi / Tsvetkov, Anatoly: From dimming to brightening: Decadal changes in solar radiation at Earth's surface, in: Science, 308 (5723) (2005), 847–850.

Winkelbauer, Thomas: Ständefreiheit und Fürstenmacht. Länder und Untertanen des Hauses Habsburg im Konfessionellen Zeitalter, in: Wolfram, Herwig (Hg.): Österreichische Geschichte 1522–1699, Bd. 1, Wien 2004.

Winkler, Robert: Sagen aus dem Vinschgau,3. erweiterte Auflage, Bozen, 2000.

Wittgenstein, Ludwig: Fotografie als analytische Praxis. Ausstellungskatalog Leopold Museum, Wien 2021.

Wopfner, Hermann: Bergbauernbuch. Von Arbeit und Leben des Tiroler Bergbauern. Siedlungs- und Bevölkerungsgeschichte, Bd. 1, Innsbruck 1995.

Zallinger zum Thurn, Franz: Abhandlung von den Überschwemmungen in Tyrol, Innsbruck 1779.

Zebhauser, Helmuth / Trentin-Mayer, Maike (Hg.): Zwischen Idylle und Tummelplatz. Katalog für das Alpine Museum des Deutschen Alpenvereins in München, München 1996.

Zwiedineck-Südenhorst, Hans von: Erzherzog Johanns Reise durch das Ötztal 1846, Aus den Tagebüchern des Erzherzogs, in: Zeitschrift des Deutschen und Österreichischen Alpenvereins 1903, 77–94.

Zeitungsartikel

Arnold, Franz: Der Vernagt-Ferner in seiner gegenwärtigen Gestaltung, in: Kais. Kön. priv. Bothe von und für Tirol und Vorarlberg, 5. März 1846, 76.

Aufschreibung des Ferners vom Jahr 1771, in: Bote für Tirol und Vorarlberg, 15. Juni 1867, 68 ff., 685, 686.

Bericht über die Vorgänge in den Fernern Oetzthals, in: Kais. Kön. priv. Bothe von und für Tirol und Vorarlberg, 23. Juni 1845, 200.

Bothe für Tirol und Vorarlberg, 6. April 1849, 360.

Die Kuen'sche Ferner-Chronik, in: Bote für Tirol und Vorarlberg, 13. Mai 1867, 531.

Die Kuen'sche Ferner-Chronik, in: Bote für Tirol und Vorarlberg, 15. Juni 1867, 686.

Kais. Kön. priv. Bothe für Tirol und Vorarlberg, 9. Mai 1844, 152.

Kais. Kön. priv. Bothe von und für Tirol und Vorarlberg, 13. Mai 1844, 160.

Kais. Kön. priv. Bothe von und für Tirol und Vorarlberg, 16. Mai 1844, 160.

Kais. Kön. priv. Bothe von und für Tirol und Vorarlberg, 20. Mai 1844, 164.

Kais. Kön. priv. Bothe von und für Tirol und Vorarlberg, 5. März 1846, 76.

Kuen'sche Ferner-Chronik, in: Kais. Kön. priv. Bothe von und für Tirol und Vorarlberg, 13. Mai 1844, 160.

Oeffentlicher Dank, in: Bothe für Tirol und Vorarlberg, 6. April 1849, 360.

Ueber die Ausbrüche der Ferner und Wildbäche im Oetzthale von 1600 bis 1715. Fortsetzung, in: Kais. Kön. priv. Bothe für Tirol und Vorarlberg, 13. Mai 1844, 152.

Archivalien und Internetquellen

Copia der von einer ehrsamen Nachbarschaft zu Mutters aufgerichten Ordnung und Verlöbniß de dato 6ten Feb. 1728, Stiftsarchiv Wilten, Lade 21, Lit. N, Nr. 1.

Elisabeth Eiter: Ausgewählte Arbeiten 2021 (= Privates Dokument). Archiv Gedächtnisspeicher, Ötztaler Museen.

Fischbachgelöbnis, Pfarrarchiv Längenfeld, Urkunde Nr. 13.

Fremdenbuch von Vent, 1. Band, 1845–1867, Alpenverein-Museum·Archiv, OeAV, HS 15.2.

Getreue Abschrift von Pater Ignaz Regensburger (Pfarrer 1843–49). In: Pfarrchronik des Pfarrarchivs Huben (1600–1885), TLA, MF 2003/5.

Haid, Anton (Provisor in Vent): Verlauf des Vernagtfernerausbruches im Jahre 1845. In: Pfarrarchiv Längenfeld. Historische Aufzeichnungen von Pfarrer Staudacher über Priester, Elementarereignisse u. a. in Längenfeld, ca. 1860, TLA, MF 2134/3.

Kuhnert, Silvio: Zweitwohnsitz in eisigen Höhen. 31.12.2008/1.1.2009, siehe: [https://www.konrad-henker.de/mobil/4_Bibliographie_m.htm] (Zugriff am 18.2.2023).

Mitteilungen des DÖAV 1934, S. 139–140, siehe: [http://www.alpinwiki.at/portal/navigation/erst-besteiger/erstbesteigerdetail.php?erstbesteiger=41694] (Zugriff am 15.1.2023).

Project Pressure – Visualizing Climate Crisis, siehe: [https://www.project-pressure.org/artists/] (Zugriff am 18.2.2012).

Scheide, Günther: Kunstprojekt: Tiefkühl-Eis für Gletscher, siehe: [https://www.uibk.ac.at/de/newsroom/2021/kunstprojekt-tiefkuehl-eis-fuer-gletscher/] (Zugriff am 18.2.2023).

Schrey, Dominik: Die Vermessung einer schmelzenden Welt, 2021, siehe: [https://science.orf.at/stories/3210064/] (Zugriff am 9.2.2023).

Verzeichnis der Autorinnen und Autoren

Andrea Fischer, PD Mag. Mag. Dr.
Glaziologin, Österreicherin des Jahres 2013 im Bereich Forschung, stellvertretende Direktorin des Instituts für Interdisziplinäre Gebirgsforschung der Österreichischen Akademie der Wissenschaften in Innsbruck. Sie leitete einige Jahre den Gletschermessdienst des Österreichischen Alpenvereins und ist nationale Korrespondentin des World Glacier Monitoring Service. Im Ötztal beobachtet sie derzeit die Gurgler Gletscher.

Franz Josef Gstrein
Bauer und Heimatforscher (1885–1943). Gstrein wuchs in Oetz unter dem Hausnamen „Sölder" auf, da sein Großvater Andreas Gstrein 1861 mit seiner Familie von Sölden („auf der Pitze") nach Oetz kam und hier einen Hof kaufte. Gstrein widmete sich alten Dokumenten in Privatbesitz ebenso wie den Kirchenarchiven und hinterließ mit seinen Schriften „Überlieferte Begebenheiten aus dem Ötztal" (1929) und „Die Bergbauernarbeit im Ötztal einst und jetzt" (1932) wertvolle Zeitdokumente.

Edith Hessenberger, MMag. Dr.
Kulturwissenschaftlerin und seit 2018 Leiterin der Ötztaler Museen
Forschungsschwerpunkte: Geschichte der alpinen Berglandwirtschaft, Tourismusgeschichte, Migrationsgeschichte, Oral History und Erzählforschung

Franz Jäger, Mag. Dr. PhD.
Berufslaufbahn als Jurist. Anschließend Studium Europäischen Ethnologie an der Universität Innsbruck.
Forschungsschwerpunkte: Katastrophenbewältigung im Raum der Ötztaler Alpen in Vergangenheit und Gegenwart, Vergleich zum Wallis, Leben im (hoch-)alpinen Raum, Volksfrömmigkeit in Vergangenheit und Gegenwart.

Sybille Moser-Ernst, Ao. Univ.-Prof. Dr.
Kunsthistorikerin und Professorin an der Universität Innsbruck.
Moser-Ernst schloss ihre Studien (Mathematik, Französische Literatur, Kunstgeschichte, Geschichte, Philosophie) mit einer Dissertation zu Franz Richard Unterberger 1984 sub auspiciis Praesidentis rei publicae ab; die Dozentur erfolgte 2001 in Kunstgeschichte. Sybille Moser-Ernst ist Trägerin des „Großen Ehrenzeichens für die Verdienste um die Republik Österreich".

Gernot Patzelt, Univ.-Prof. i. R. Dr.
Geograph, Hochgebirgsforscher und Polarforscher. Gernot Patzelt war von 1980 bis 2004 Leiter des Forschungsinstitutes für Hochgebirgsforschung und gleichzeitig Leiter der Alpinen Forschungsstelle Obergurgl. 1994 bis 1996 war er Vorstand des Instituts für Geographie. Vom Jahre 1980 bis zu seiner Pensionierung 2004 vertrat er das Fach Hochgebirgsforschung an der Universität Innsbruck. 2021 wurde Gernot Patzelt die Franz-von-Wieser-Wissenschaftsmedaille verliehen.

Ilse Patzelt, Mag. Dr.
Ausbildung zur Kleinkindpädagogin. Berufsausübung an der BBA für Kindergartenpädagogik in Innsbruck. Im 2. Bildungsweg Studium der Kunstgeschichte und Archäologie an der Universität Innsbruck mit Abschluss Diplom und Doktorat mit architekturhistorischen Arbeiten. Seit dem Jahre 1994 freischaffend.

Veronika Raich, Mag.
Studium Erziehungswissenschaften/Psychologie, seit 2001 im Österreichischer Alpenverein, Fachbereich Museum.Kultur u. a. als Kulturvermittlerin und Ausstellungskuratorin im Besonderen für Alpenvereinssektionen tätig.
Arbeitsschwerpunkte: Alpin- und Tourismusgeschichte
Ausstellungsschwerpunkte: Alpenvereinskulturgeschichte(n)

Nauders 148
Niederjoch 83, 126
Nizza 149

Obergurgl 137, 145, 150, 152, 155, 160
Oetz 10, 11, 22, 144
Ötztaler Ache 113, 115, 116

Paris 76
Pasterze 37
Petersberg 94, 95, 98, 104, 105,
Pitztal (auch: Pitzthal) 106, 131
Pitztaler Gletscher 72
Plangeroß (auch: Plangeros) 131

Ramolkogel 128, 129
Rettenbachferner 28, 29, 100, 131, 152, 153, 155, 156
Rhonegletscher (auch: Rhône-Gletscher) 161, 162
Rofen / Rofental / Rofenbach 12, 21, 38, 40, 41, 55, 70, 82, 89, 90, 94, 96, 97, 99, 100, 101, 110, 113, 114, 115, 119, 131, 163
Rofener Eisstausee (auch: Rofner Eisstausee) 43, 101, 112, 113
Rotmoos / Rotmoostal / Rotmoosferner (auch: Rothmoosgletscher) 33, 40, 50, 127, 148, 150, 159

Saastal 82
Sautens 154
Schnals / Schnalstal 22, 83, 104, 126

Silz 101, 104, 105
Similaun 36, 126, 128, 129, 135
Sölden 11, 22, 80, 96, 97, 98, 105, 111, 113, 115, 131, 150, 152
St. Anton 150
Stams 95
Sterzing 131
Sulztal (auch: Sulzthal) / Sulztalferner (auch: Sulzbachferner) 39, 40, 49, 87, 94, 139

Taschachferner 8, 123, 131, 154, 155, 160

Umhausen 102, 115, 123
Unser Frau in Schnals 131

Vent (auch: Fend) 11, 22, 32, 80, 83, 96, 97, 100, 102, 106, 113, 114, 115, 120, 122, 125, 131, 133, 138, 145, 150
Vernagtferner / Vernagt (Eis)See / Ferner / (auch: Fernak-Ferner / Hochvernagt Ferner) 11, 12, 16, 37, 38, 40, 43, 44, 45, 46, 50, 52, 53, 55, 59, 60, 68, 69, 70, 78, 79, 80, 82, 86, 87, 89, 90, 91, 92, 93, 94, 96, 97, 98, 100, 101, 103, 112, 114, 119, 126, 127, 130, 131, 136, 141, 142, 157

Weißseespitze 19
Wien 38, 73, 88, 129, 133, 145, 147
Wildspitze 19, 75, 121, 125, 131, 146

Zillertaler Alpen 26
Zwieselstein 115, 131

Personenregister

Anich, Peter 37, 38
Arnold, Franz 83, 84, 122, 129

Bergen, Fritz 106
Blaas, Karl von 146, 148
Böhme, Hartmut 66, 75
Bollmann, C. 74, 75
Brand, Johann Christian 73
Brandis, Klemens von (Graf) 114
Brizzi, Carl / Charles 74, 75, 137, 138

Compton, Edward Theodor 43, 60, 139

Dante, Alighieri 84
Diemer, Zeno 132

Eiter, Elisabeth 160
Ender, Thomas 37, 39, 40, 49, 50, 51, 68, 70, 120, 144
Engelhardt, Georg 82, 128, 138
England, William 42, 57

Falkner, Christian 85, 123
Ferdinand II 88, 144
Finsterwalder, Sebastian 24, 26, 90, 91, 92, 93, 94, 96, 141
Flaig, Walther 149, 150
Frommel, Carl 39, 49, 76

Gauermann, Jakob 39, 47
Gelpcke, Charlotte (geb. Wiese) 124
Gelpcke, Marie 124
Gelpcke, Minna 124
Grefe, Conrad 73, 74, 121, 122
Grießstetter, Martin 92
Grohmann, Paul 133
Gstrein, Franz Josef 11, 111, 119

Haid, Andrä 114
Haid, Anton 102, 113
Haid, Niklaus 114
Haller, Reinhard 162
Henker, Konrad 8, 157
Hohenlohe, Margit 122
Hoinkes, Herfried 26
Hueber, Adolf 87
Hueber, Blasius 37, 38

Jäger, Abraham 12, 15, 38, 43, 71, 91, 92, 93
Jäger, Hans 10, 41, 145, 148
Jägermayer, Gustav 36, 42, 59, 145
Johann (Erzherzog) 37, 39, 41, 68, 122, 125, 144
Johannes, Bernhard 42, 58
Jordan, Carl 138

Kant, Immanuel 65, 66, 70, 71
Klotz, Leander 131
Klotz, Nikodem 131
Kohl, Johann Georg 82, 83, 84
Kopp, Elmar 154, 155
Kopp, Jacob / Jakob 105
Kraus, Karl 64
Kuen, Benedikt 90, 94
Kuen, Johann 90, 94, 103

Lachemayr 105
Lamy, Ernest 42, 58
Leitner, Johann 114
Leopold I. 88
Liebener, F. 40
Liebener, Leonhard von 52, 53, 68, 69, 70
Lindacher, Christian 91
Lorrain, Claude 68, 76
Lüthi, Max 86
Lyotard, Jean-François 66

Malfatti, Nino 76, 77, 154, 157
Marchesani, Josef 71, 72
Matthes, Francois 79
Mediz-Pelikan, Emilie 147, 148
Meyer, Hans 140
Mohrherr Leonhard 99
Molitor, Martin von 39
Mößmer, Joseph 73

Napoleon 89
Nietzsche, Friedrich 64

Noe, Heinrich 107
Nolden, Emil (früher: Hansen, Emil) 148, 149
Norfolk, Simon 161, 162

Oechel, Hermann Paul 121

Pallocsay, A.v. 139
Patzelt, Gernot 10, 29, 30, 33, 37, 39, 79
Petersen, Carl Theodor 135
Peyritsch, Johann Josef 133
Piccard, Auguste 150, 151
Pichler, Adolf 87, 105, 107
Pipele, Petern 92
Pitt, Jessie Louise 134, 158, 159
Poussin, C. 76

Regensburger, Ignaz 100, 101, 102
Reinstein, Hermann 137
Reschreiter, Rudolf 78, 118, 123, 130, 131, 140, 141, 142
Richter, Eduard 21, 43, 59, 90, 91, 92, 93, 94, 95, 96, 97, 98, 103, 104, 105
Rudolf II. (Kaiser) 92, 93
Ruisdael, Jacob van 68
Rumohr, Friedrich von 64
Runk, Ferdinand 39, 47, 48
Ruschitzka, Christian 159
Ruthner, Anton von 42, 57, 131, 133

Sales, Charles de 82
Sattler, Anton 42, 56, 57, 74, 120

Srbik, Robert von 82, 90, 93
Scheiber, Georgen 91
Scheiber, Hannah Philomena 156
Scheiring, Leopold 147, 148
Schlagintweit, Adolph 121, 125, 126
Schlagintweit, Eduard 121, 125, 126
Schlagintweit, Hermann 121, 125, 126
Schmuckh, Sebastian 45
Schneider, Gitti 158
Schütz, Karl 73
Senefelder, Alois 73
Senn, Franz 124, 138
Shackleton, Ernest 66
Simon, E. 110, 119
Simony, Friedrich 17, 20, 21, 41, 42, 55, 121, 122, 125, 129, 130, 133
Sommaruga, Guido von 133
Sonklar, Karl 40, 107
Stotter, Michael 40, 69, 82, 83, 85, 86, 87, 90, 91, 99, 100, 101, 113, 114, 115

Tausch, Dieter 41
Thymann, Klaus 161, 162
Trientl, Adolf 87, 107, 120, 123,

Uhlik, Eduard 146, 148
Unterberger, Franz Richard 64, 65, 182
Unterberger, Franz Maria 124

Walcher, Joseph / Josef 20, 38, 46, 85, 97, 103, 104,
Weniger, Nicole 160
Wieland, Hans Beat 106
Wittgenstein, Ludwig 33
Wolf, F. 144
Wolfenthurn, Johann Paris von 94, 95
Würthle, Karl Friedrich 41, 55, 75, 76, 145

Zallinger, Franz 90, 98, 99
Ziegler, Anton 42, 56